さわって学ぶクラウドインフラ

Amazon Web Services 基礎からのネットワーク&サーバー構築

改訂4版 REVISED FOURTH EDITION

大澤 文孝、ソラコム 玉川 憲、片山 暁雄、今井 雄太 著

改訂４版に当たって

改訂３版から早３年。皆様に支えられて、このたび、改訂４版を発刊することができました。改訂４版では、2023 年３月時点の内容に一新しました。全体として操作画面などを更新したのに加え、主に、次の点を改訂いたしました。

・「Amazon Linux 2023」に対応

2023 年３月に、Amazon Linux の最新版となる「Amazon Linux 2023」が登場しました。このディストリビューションは、Fedora をベースとしています。５年間の長期サポートがうたわれており、２年ごとのメジャーアップデートが予定されています。AWS において、今後の主流となるディストリビューションです。Amazon Linux 2023 は、以前の「Amazon Linux 2」と大きく変わりませんが、「ソフトウエアパッケージが異なる」「推奨される設定方法などが一部異なる」など、いくつかの違いもあります。またデフォルトで、RSA/SHA-1 が廃止されたことにより、一部の SSH クライアントでは接続できないという点にも注意が必要です。改訂４版では、この新しい「Amazon Linux 2023」に対応するよう、手順や方法を修正しました。

・より確実に確かめられる動作環境

本書には、HTTP プロトコルを実際に見るハンズオンの項目があります。前版では、一般的なサイトに接続して試す手順だったのですが、近年は、暗号化された SSL/TLS を必須とするサイトが多くなり、（暗号化されていない）HTTP プロトコルでの接続を確認することが難しくなりました。そこで改訂４版では、一般的なサイトではなく、自身で起動した HTTP サーバーに接続する手順に変更しました。そうすることで、皆様が、外部環境の変化による影響を受けず、より確実にハンズオンで試せるようになりました。

・HTTP/2 環境における補足

近年では、HTTP/2 に対応したサイトやブラウザーが多くなりました。そこで改訂４版では、HTTP/2 の場合について、補足を加えました。

本書は、おかげさまで初版から早９年を迎えます。クラウドでインフラを入門する本として、これだけ長く続けられたのも、読者の皆様のおかげです。時がたつにつれ、本書を読んで入門した方が、新たな入門者に本書を紹介してくださっているという話も耳にしており、ありがたい限りです。引き続き今後も本書が、さまざまな入門者の方々にとって、お役に立てれば幸いです。

2023 年５月
大澤 文孝

改訂３版に当たって

多くの読者の皆さまに支えられ、このたび、改訂３版を発刊することができました。皆さまに深く感謝いたします。

クラウドは進化が早いのが特徴です。画面周りやサービスは、どんどん変わっていきます。改訂３版では、2019年12月時点での内容に一新しました。改訂３版における主な変更点は、以下の通りです。

・「Amazon Linux」から「Amazon Linux 2」に変わった
　Amazon Linux 2はRHEL 7ベースになっており、Linuxサービスの起動や停止、自動起動の設定方法が大きく変わっています。その手順についての記載を修正しました。

・MySQLからMariaDBに
　Amazon Linux 2にパッケージとして含まれるデータベースが、MySQLからMariaDBに変わりました。インストール方法が変わるので、その手順についての記載を修正しました。

・WordPressが要求するPHPバージョン
　WordPressの最新版では、PHP 5.6.20以降を要するようになりました。Amazon Linux 2のパッケージに含まれるPHPは、この要件を満たさないため、PHPのバージョンアップをする手順を追加で記載しました。

初版から６年が経過したいま、AWSをはじめとするクラウドは、インフラとして、なくてはならないものとなりました。
こうした時代において、本書のようなネットワークやインフラを知るための書籍が、引き続き、皆さまのお役に立てば幸いです。今後とも、末永いご支援のほど、よろしくお願いいたします。

2020年１月
大澤　文孝

改訂版に当たって

前著から早3年。多くの読者の皆さまに支えられ、このたび、改訂版発刊の運びとなりました。皆さまに感謝し、厚く御礼申し上げます。

AWSはクラウドサービスであり、その進化のスピードが早いのが特徴です。機能強化もさることながら、次々と新しいサービスが追加されています。本著において話題の中心となるVPCとEC2周りも、前著の頃に比べて、大きく機能が強化されました。本改訂版は、そうした状況を鑑み、全体の流れはそのままに、画面や操作方法の変更、機能強化、仕様変更などを反映することで、執筆時点において最新となるよう努めたものです。

今回の改訂において、大きな変更点として挙げられるのが、第7章で解説しているNAT周りの話題です。プライベートなネットワークをインターネットに接続する方法として、前著では、「NATインスタンス」を使っていました。NATインスタンスは、「NAT向けに構成したOSをインストールしたEC2インスタンス」です。そのため処理能力は、EC2インスタンスのスペックに依存するものでした。それに対して新たに登場した「NATゲートウェイ」は、NAT機能を提供するマネージドなサービスです。負荷に応じて自動的にスケールするため、高い負荷がかかる環境でも利用しやすくなりました。またNATゲートウェイに比べて初期設定が少なく、都度、必要なときに起動するのも容易です。今後は、NATゲートウェイの利用が主流になることから、改訂版における第7章は、NATインスタンスではなく、NATゲートウェイを利用するように修正しました。

AWS以外のトピックとして、近年のWebサイトはHTTPS化が進み、HTTPで接続できるサイトが少なくなったことも挙げなければなりません。本書では、telnetなどのコマンドを用いて、実際にHTTP通信する例を示していますが、いくつかのWebサイトは、HTTPで接続されたとき、HTTPSにリダイレクトするように挙動が変わりました。それに伴い、改訂版では、例示する接続先サイトを変更しましたが、そのサイトも、しばらくするとHTTPSサイトに変わってしまうかもしれません。その場合は、ほかの適当なサイトに接続するよう、適時、置き換えていただけば幸いです。

今回の改訂で「掲載画面」と「実際の画面」の差異が解消され、より習得しやすくなったはずです。この差異は、またしばらくすると少しずつ大きくなってしまいますが、その頃に、また改訂できれば幸いです。今後とも、末永いご支援のほど、よろしくお願いいたします。

2017年3月
大澤 文孝

初版「はじめに」

本書の対象読者は、インフラにあまり詳しくない方であり、本書は「自分でネットワークやサーバーを構築できるようになる」ことを目指して作った書籍です。何か新しいものを学習するときには、インプットだけでなくアウトプットを行う、つまり実際にやってみることで学習効果が高められることは皆様も実体験として感じていられると思います。クラウドは学習教材としては最適で、学んだことを実際にすぐに試してみることができます。個人であっても、サーバーやネットワーク機材やデータベースを購入しなくても、すぐにそのようなリソースを作成したり編集したり削除したりできるのです。

本書は、アマゾン ウェブ サービス（以下、AWS）を用いて気軽に実地検証しながら、ネットワークやサーバー構築技術を学ぶ、というコンセプトを掲げた初めての試みであったため、解説内容などに厳密性を欠いているところもあるかもしれませんが、ご容赦いただけますと幸いです。本書の流れは、chapterごとに少しずつ、インフラの知識を学びながら、実際にAWSを使ってその構成要素を組み立てていく、という構成です。実際に触って構築し、何を作ったのか改めて図や文章で確認して理解を深めていただけると良いと思います。分からないことがあったらインターネットで調べてみましょう。AWS関連のブログや記事もたくさん出ていますので先人の知恵を借りることもできるでしょう。最近の優秀なエンジニアは、すぐに試す能力が高いだけでなく、それを周りに広めていく能力も高いと感じています。読者の皆様が試したらブログなどでぜひその軌跡を残していただけると良いと思います。

2006年からクラウドサービスを提供しているAWSは進化を続けており、仮想サーバー、ストレージ、ロードバランサー、データベース、分散キュー、NoSQLサーヒスなど多種にわたるインフラストラクチャーサービスを、初期費用の無い安価な従量課金モテルで提供しています。日本にも2011年3月に、東京リージョンと呼ばれるAWSのデータセンター群が開設され、既に2万以上のアカウントが、AWSを活用してシステム作りをしています。本書がAWSを学んでみたい、クラウドのスキルを身に付けたい、インフラを理解したい、という方のお手伝いができれば非常にうれしく思います。

初めて触ったときの、これすごいな、楽しいな、という感覚。そういうワクワクする感覚は、大人になるにつれて味わえる機会が減ってきますが、本書を通じて、学ぶ喜び、作る喜びを少しでも多くの人に体感いただければと思います。自分でネットワークを構築し、サーバーを立て、Webサーバーにして、サーバー同士で疎通確認すると、楽しくて仕方がない、そんな読者がたくさん出てくると著者らにとってそれ以上の喜びはありません。

2014年6月
玉川 憲、片山 暁雄、今井 雄太

Contents

CHAPTER 1　システム構築をインフラから始めるには …… p.12

1-1 開発者がネットワークやサーバーを構築するメリット …… p.12

1-2 ネットワークやサーバーを構築する …… p.14
■サーバーの構成　■ネットワークの構成　■問題を解決する、さまざまなツール

1-3 WordPress でブログシステムを作る …… p.18
■「公開されたネットワーク」と「隠されたネットワーク」
■片方向からの接続だけを許す NAT

1-4 物理的なネットワークと AWS …… p.19
■「リージョン」と「アベイラビリティーゾーン」
■「ネットワーク」と「Amazon VPC」
■「サーバー」と「Amazon EC2 インスタンス」

1-5 本書の流れ …… p.22

CHAPTER 2　ネットワークを構築する …… p.26

2-1 ネットワークで用いる IP アドレス範囲を定める …… p.26
■「パブリック IP アドレス」と「プライベート IP アドレス」
■ IP アドレス範囲と表記方法　■本書でのネットワーク構成
Column　IP アドレスの割り振りと再配布

2-2 実験用の VPC を作成する …… p.33

2-3 VPC をサブネットに分割する …… p.36
■サブネットの考え方　■ VPC をサブネットに分割する
■パブリックサブネットを作る

2-4 インターネット回線とルーティング …… p.40
■インターネットに接続するための回線を引き込む　■ルーティング情報
■ルートテーブルを設定する

2-5 まとめ …… p.54

CHAPTER 3　サーバーを構築する …… p.56

3-1 仮想サーバーを構築する …… p.56

■インスタンスを作成する　■インスタンスの確認

Column　Amazon Linux

Column　SSH の接続元の設定

Column　インスタンスの停止と再開、破棄

3-2 SSH で接続する …… p.69

■パブリック IP アドレスを確認する　■ SSH で接続する

Column　Amazon Linux 2023 の認証方式

Column　鍵ファイルのパーミッション

Column　パブリック IP アドレスを固定化する

3-3 IP アドレスとポート番号 …… p.78

■パケットを相手に届けるためのルーティングプロトコル

■サーバー側のサービスとポート番号の関係

3-4 ファイアウォールで接続制限する …… p.86

■パケットフィルタリング　■インスタンスのセキュリティグループ

3-5 まとめ …… p.89

Column　SSH 以外のインスタンスへのアクセス

CHAPTER 4　Web サーバーソフトをインストールする …… p.92

4-1 Apache HTTP Server のインストール …… p.92

■サーバーに Apache をインストールする　■ Apache のプロセスを確認する

4-2 ファイアウォールを設定する …… p.97

■ Web サーバーに接続する　■ファイアウォールを構成する

4-3 ドメイン名と名前解決 …… p.102

■ドメイン名の構造　■ DNS による名前解決　■ DNS サーバーを構成する

■ nslookup コマンドで DNS サーバーの動きを見る

Column　Route53 サービスを用いて独自ドメイン名で運用する

4-4 まとめ ……………… p.114

CHAPTER 5　HTTP の動きを確認する ……………… p.116

5-1 HTTP とは ……………… p.116
■リクエストとレスポンスの書式

5-2 ブラウザの開発者ツールで HTTP のやりとりをのぞいてみる ……………… p.118
■ネットワーク通信を見る　■ HTTP のやりとりをのぞいてみる
■リクエストとレスポンスの詳細

Column　HTTP から HTTPS へのリダイレクト

Column　HTTP/2 と疑似ヘッダー

5-3 Telnet を使って HTTP をしゃべってみる ……………… p.127

5-4 まとめ ……………… p.130

Column　今度は HTTP サーバーの気持ちになってみる

CHAPTER 6　プライベートサブネットを構築する ……………… p.136

6-1 プライベートサブネットの利点 ……………… p.136

6-2 プライベートサブネットを作る ……………… p.138
■アベイラビリティーゾーンを確認する　■プライベートサブネットを作る
■ルートテーブルを確認する

6-3 プライベートサブネットにサーバーを構築する ……………… p.141
■サーバーを構築する
■ ping コマンドで疎通確認できるようにする

6-4 踏み台サーバーを経由して SSH で接続する ……………… p.152
■秘密鍵をアップロードする
■ Web サーバーから SSH で接続する

6-5 まとめ ……………… p.155

Column　SSH ポートフォワードを使った接続

CHAPTER 7　NAT を構築する ………………………… p.158

7-1 NAT の用途と必要性 ………………………… p.158
■ NAT の仕組み　■ NAT インスタンスと NAT ゲートウエイ
■パブリックサブネットとプライベートサブネットを NAT ゲートウエイで接続する
Column　家庭内でのインターネット接続

7-2 NAT ゲートウエイを構築する ………………………… p.164
■ NAT ゲートウエイを起動する　■ルートテーブルを更新する

7-3 NAT ゲートウエイを通じた疎通確認をする ………………………… p.168
■ curl コマンドで確認する
Column　NAT ゲートウエイの削除

7-4 まとめ ………………………… p.171

CHAPTER 8　DB を用いたブログシステムの構築 ………………………… p.172

8-1 この章の内容 ………………………… p.172

8-2 DB サーバーに MariaDB をインストールする ………………………… p.174
■ MariaDB のインストール　■ MariaDB の起動と初期設定
■ WordPress 用のデータベースを作成する　■自動起動するように構成する

8-3 Web サーバーに WordPress をインストールする ………………………… p.178
■ PHP の最新版をインストールする
■ PHP や MariaDB のライブラリのインストール　■ WordPress のダウンロード
■展開とインストール

8-4 WordPress を設定する ………………………… p.180
■ Apache の起動
■ WordPress を初期設定する

8-5 まとめ ………………………… p.185

CHAPTER 9　TCP/IP による通信の仕組みを理解する ………………………… p.188

9-1 TCP/IP とは ………………………… p.188

■TCP/IP モデル ■データのカプセル化 ■Ethernet と TCP/IP の関係

9-2 UDP と TCP …… p.196

■UDP でのデータ通信 ■TCP でのデータ通信

Column 相手からの着信を受け入れない設定

9-3 まとめ …… p.201

Appendix A パケットキャプチャで通信をのぞいてみる …… p.202

A-1 Wireshark でパケットキャプチャする …… p.202

■パケットキャプチャを始める

A-2 UDP と TCP のパケットを見る …… p.203

■UDP のデータを見る ■HTTP のデータを見る

Appendix B ネットワークの管理・運用とトラブルシューティング …… p.208

B-1 なぜネットワークを管理するのか …… p.208

B-2 ネットワーク構成を把握する …… p.208

■ドキュメントと構成情報を一致させる工夫

■AWS なら設定ファイルからネットワーク構成やサーバー構成を作れる

B-3 ネットワークの状態を把握する …… p.212

■ping を使った疎通確認 ■traceroute コマンドでの経路確認

■ポート番号を指定した TCP 到達性の確認

■nslookup コマンドや dig コマンドで名前解決を確認する

B-4 ケーススタディ：ウェブサイトに接続できないとき …… p.217

B-5 ネットワークを運用するための便利なツール …… p.219

■Zabbix ■New Relic ■CloudWatch

B-6 まとめ …… p.220

CHAPTER1
システム構築をインフラから始めるには

アプリケーション開発者にとって、ネットワークやサーバーなどのインフラを知ることは重要です。インフラを知れば、自分で好きなように開発環境を整えられるようになります。また、課題が生じたときに、アプリケーション開発の枠組みから出て、システム全体で対応できるようになるのも大きなメリットです。たとえばリソース不足になったときには、アプリケーションの最適化だけで解決するのではなく、スケールアップやスケールアウトなどのインフラ計画まで踏み込んだ包括的な対応ができるようになります。

1-1　開発者がネットワークやサーバーを構築するメリット

ほとんどの開発現場では、ネットワーク管理者やサーバー管理者が、開発や運用のためのネットワークとサーバーを構築します。

アプリケーション開発者は、こうして出来上がったサーバーのアカウント情報を頼りにログインし、各種開発をしていきます。

このように「ネットワーク管理者やサーバー管理者の仕事」と「アプリケーション開発者の仕事」が分かれているのは、悪いことではありません。「ネットワーク管理者やサーバー管理者の仕事」は、運用も含んだものであり、さまざまな知識とノウハウが要求されるからです。

適切なセキュリティを設定しなければ、侵入される恐れがあります。ネットワークやサーバーの負荷を正しく予測していなければ、アクセスが殺到したときに、十分なレスポンスを返せないかも知れません。

このような理由から、ネットワークやサーバーの技術は専門化され、アプリケーション開発者からは、よくわからないものとなってしまいました（**図 1-1**）。

しかし、いつも、「誰かが作ったネットワーク」や「誰かが作ったサーバー」を使って開発していたのでは、これらに関する知識が身につきません。

本番環境ならば、安全のため、やはり専門家に任せるべきです。しかし開発する際のテスト環境ぐらいは、自分で作れるようになりたいものです。

ネットワークやサーバーの知識を身につければ、自由で使いやすいテスト環境が作れま

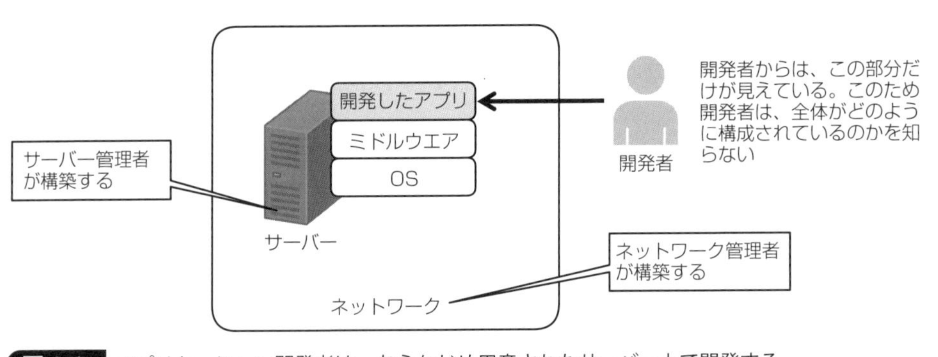

図 1-1　アプリケーション開発者は、あらかじめ用意されたサーバー上で開発する

す。そして、自分だけのネットワーク／サーバー環境を作れば、誰にも迷惑をかけずに、さまざまな実験ができます。

本書は、このような「自分でネットワークやサーバーを構築できるようになること」を目指す書です。

ネットワークやサーバーなどのインフラ知識を身につければ、次のことができるようになります。

①障害に強くなる

システムにトラブルがあったときに、どこに問題があるのか、切り分けられるようになります。

②アプリケーション開発の枠組みだけでなく、システム全体での幅広い対応ができるようになる

システムを運用していると、リソース不足に陥ることがあります。インフラを知らなければ、アプリケーション開発の枠組みの範囲でしか対応できません。たとえばプログラムを改良したり、実行されているプロセスの数を減らしたりするソフトウエア的な対応しかできません。

しかしインフラを知っていれば、ネットワークやサーバーを増強して対策をとるなど、システム全体で対応できるようになります。

実際の増強は、ネットワーク管理者やサーバー管理者に任せるとしても、ネットワークの構成的に、「負荷がかかると弱い箇所」や「セキュリティ上、問題が生じそうな箇所」がわかることは、堅牢なシステムを作るのに欠かせない知識です。

1-2 ネットワークやサーバーを構築する

では、ネットワークやサーバーを構築する場合、どのようにすればよいのでしょうか？ネットワーク管理者やサーバー管理者は、概ね、次のようにシステム全体を設計します。

■サーバーの構成

まず、どのようなサーバーが必要なのかを考えます。

たとえば、Webサイトを提供するのであれば「Webサーバー」が必要です。そして、データを保存する場合には、「データベースサーバー」が必要なこともあります。ときには、メールを送受信するために「メールサーバー」も必要となるでしょう。

ここで挙げたように、サーバーは、用途別にさまざまな種類のものがあります。

しかし実際には、「Webサーバー」や「データベースサーバー」、「メールサーバー」というものがあるわけではなく、「サーバーに対してWebの機能を提供するソフトウエアをインストールしたもの」がWebサーバーであり、同様に「データベースの機能を提供するソフトウエアをインストールしたもの」がデータベースサーバー、そして、「メールの送受信機能を提供するソフトウエアをインストールしたもの」がメールサーバーです。

そもそもサーバーというのは、「Linux」や「Windows Server」など、サーバー用のOSをインストールしたコンピュータのことにすぎません。

「サーバーに、どのようなソフトウエアをインストールするのか」で、サーバーの役割が決まります（図1-2）。

Memo サーバーには、複数のソフトウエアをインストールすることもできます。たとえば、「Webサーバーソフト」と「データベースソフト」の両方をインストールしたときは、「Webサーバー兼データベースサーバー」となります。

図1-2 サーバーにインストールするソフトウエアで役割が決まる

サーバーを構築したいのであれば、次の知識の習得が必要です。

①サーバー OS のインストール方法

Linux や Windows Server などのサーバー OS のインストール、そして、各種の設定方法です。

②各ソフトウエアのインストールや設定方法

Web サーバーソフトやデータベースサーバーソフト、メールサーバーソフトなど、さまざまな機能を提供するソフトウエアのインストールや設定方法です。

たとえば、Web サーバーとして機能させたいなら、「Apache HTTP Server（以下、Apache）」や「nginx」などのソフトウエアをインストールします。

データベースサーバーとして機能させたいなら、「MySQL」や「MariaDB」「PostgreSQL」などのソフトウエアをインストールします。

そしてメールサーバーとして機能させたいなら、「Postfix」などのソフトウエアをインストールします。

■ネットワークの構成

構築したサーバーは、ネットワークに接続しないと、通信できません。

インターネットと接続可能なネットワークでは、「TCP/IP（Transmission Control Protocol/Internet Protocol）」というプロトコルを使っています。

TCP/IP では、それぞれのサーバーに「IP アドレス」という番号を振ります。「10.0.1.10」のような、「ピリオドで区切られた 4 つの数字」で、他の機器と重複しない番号です。

この番号は、決まった規則で割り当てる必要があり、適当に振っても、通信できません。

また、インターネットに接続する場合には、通常「ルーター」と呼ばれる機器を使いますが、各サーバーでは、そのルーターにデータが流れるように構成しておかないと、インターネットと通信できません。

また、インターネットでは、「http://www.example.co.jp/」のようなドメイン名でアクセスします。ドメイン名とは、サーバーの IP アドレスに付与する、人間が理解しやすい名前のようなものです。ドメイン名を使うためには、「DNS サーバー」と呼ばれるサーバーの設定も必要です（**図 1-3**）。

ネットワークを構築したいのであれば、次の知識の習得が必要です。

① IP アドレスに関連する知識

IP アドレスを、どのように定めるのか。そして、ルーターを介したインターネットとの

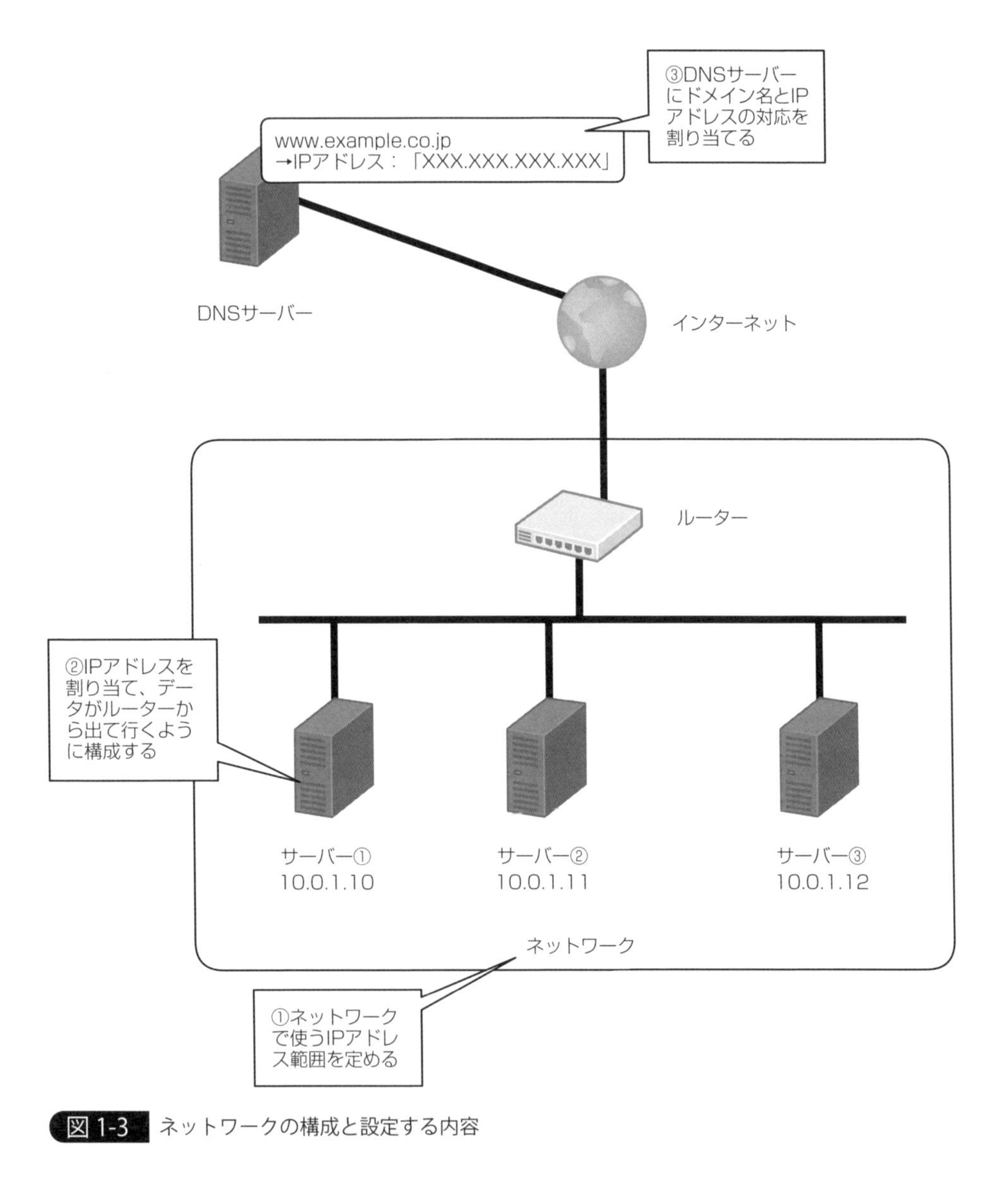

図 1-3　ネットワークの構成と設定する内容

データの流れを、どのように制御するのかなどの知識です。

② DNS サーバーに関する知識

　ドメイン名と IP アドレスとを結び付けるには、どのようにすればよいのか。どのようなやりとりで、ドメイン名と IP アドレスとは、相互に変換されているのかなどの知識です。

■問題を解決する、さまざまなツール

ネットワークやサーバーを構築する際には、正しく設定されているかどうかを確認したり、どのようなデータが流れているのかを確認したりする必要もあります。

そのためには、各種ネットワーク関連のコマンドや、流れるデータをのぞき見るツールを使います。

ネットワーク関連のコマンドとしては「ping」「traceroute」「telnet」「nslookup」「dig」などがあります。

流れるデータをのぞき見るには、ネットワークを流れる生のデータを見るなら「Wiresharkなどのネットワークプロトコルアナライザ」、Webサイトの表示に利用されるHTTPプロトコルに限ったデバッグをしたければ「Webブラウザに付属のデバッグツール」など、用途に合わせてさまざまなツールがあり、これらを利用します。

たとえば、Webブラウザのデバッグツールを使って、どのようなデータが流れているのかを見ることができます。

これは、トラブルの際だけでなく、アプリケーションを開発する際、送受信されているデータが正しいかどうかを確認するときにも役立ちます（**図1-4**）。

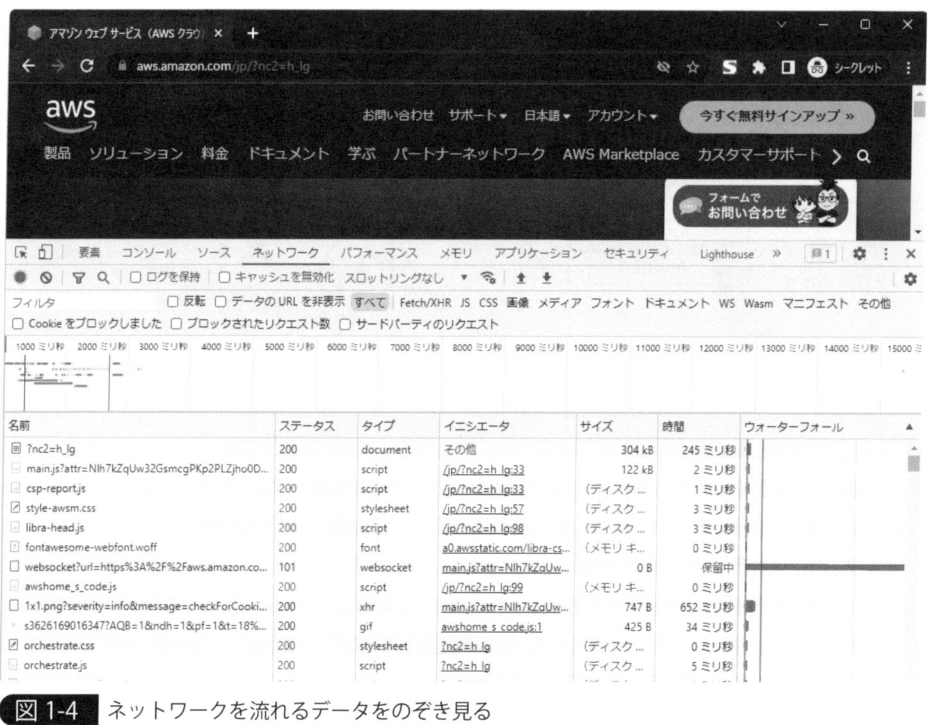

図1-4 ネットワークを流れるデータをのぞき見る

1-3 WordPressでブログシステムを作る

本書では、具体的に、WordPressでブログシステムを作りながら、「サーバーの構築」「ネットワークの構築」、そして、「問題を解決するツール」を説明していきます。

その全体的な構造は、**図1-5**の通りです。

利用するサーバーは、「Webサーバー」と「DBサーバー」の2台です。いつもなら、これらのサーバーは、サーバー管理者によってすでに構築されていて、そのアカウントを使って「WebサーバーにWordPressをインストールする」もしくは「WordPressもインストールされた状態から始める」のではないでしょうか？

しかし本書では、何もないところから、サーバーやネットワークを構築していきます。

■「公開されたネットワーク」と「隠されたネットワーク」

図1-5に示したように、本書で構築するネットワークは、2つに分かれています。

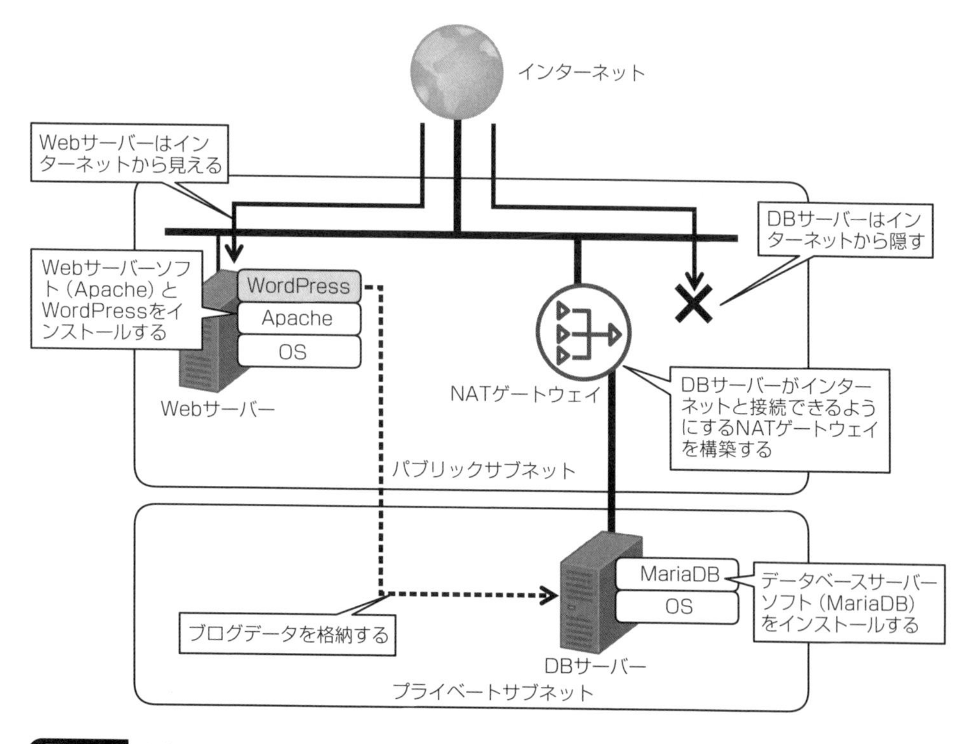

図1-5　本書で構築するネットワークの構成

ひとつは「パブリックサブネット」と名付けたもので、こちらはインターネットに接続し、「公開」されています。ここにはWebサーバーを配置します。

もうひとつは「プライベートサブネット」と名付けたもので、こちらはインターネットに、直接、接続せず、「隠されたネットワーク」とします。

ここには、DBサーバーを配置します。DBサーバーには、ブログのデータを保存しますが、インターネットから直接接続して、いたずらされるのを防ぐため、インターネットからは隠そうという目論みです。

■片方向からの接続だけを許すNAT

とはいえ、DBサーバーが、まったくインターネットにアクセスできないのは困ります。なぜなら、ソフトウエアをインターネットからダウンロードしてインストールしたりアップデートしたりできなくなるからです。

そこで、「NAT」を導入します。NATはNetwork Address Translationの略で、内部だけで通用するアドレスを外部とも通信できるアドレスに変換する技術です。NATを導入すると、「片方向だけの接続を許す」ことが実現できます。つまり、DBサーバーからはインターネットに接続できるけれども、逆に、インターネットからDBサーバーには接続できないという環境を実現します。もちろん、DBサーバーから外部に通信した際の戻り（返事）の通信は通してくれるので安心してください。このNATという仕組みにより、DBサーバーは外部からソフトウエアを安全にダウンロードできるようになるのです。

1-4　物理的なネットワークとAWS

図1-5に示したネットワークやサーバーを実際に構築するには、「インターネットに接続された回線」と「各種サーバー」、そして、それらを接続するハブやルーターなどの「ネットワーク機器」を用意しなければならず、手軽に試せません。

そこで検討したいのが、「仮想的にネットワークやサーバーを構築する」という方法です。

本書では、Amazon Web Services,Inc.が提供している「アマゾン ウェブ サービス（以下AWS）」を使って、これらのネットワークやサーバーを構築していきます。

AWSでは、いくつかの特殊な用語を使います。そこで、物理的な機器とAWS上のサービスとの関係を、簡単にまとめておきます。

■「リージョン」と「アベイラビリティーゾーン」

AWSは、本書の執筆時点において、世界31カ所の分散されたデータセンター群で構成されています。それぞれの地域に存在するデータセンター群のことを「リージョン

(Region)」と呼びます。たとえば、「バージニアリージョン」「オレゴンリージョン」「東京リージョン」などがあります。

それぞれのリージョンは、さらに「アベイラビリティーゾーン（Availability Zone:「AZ」と略されることもある)」に分割されています。

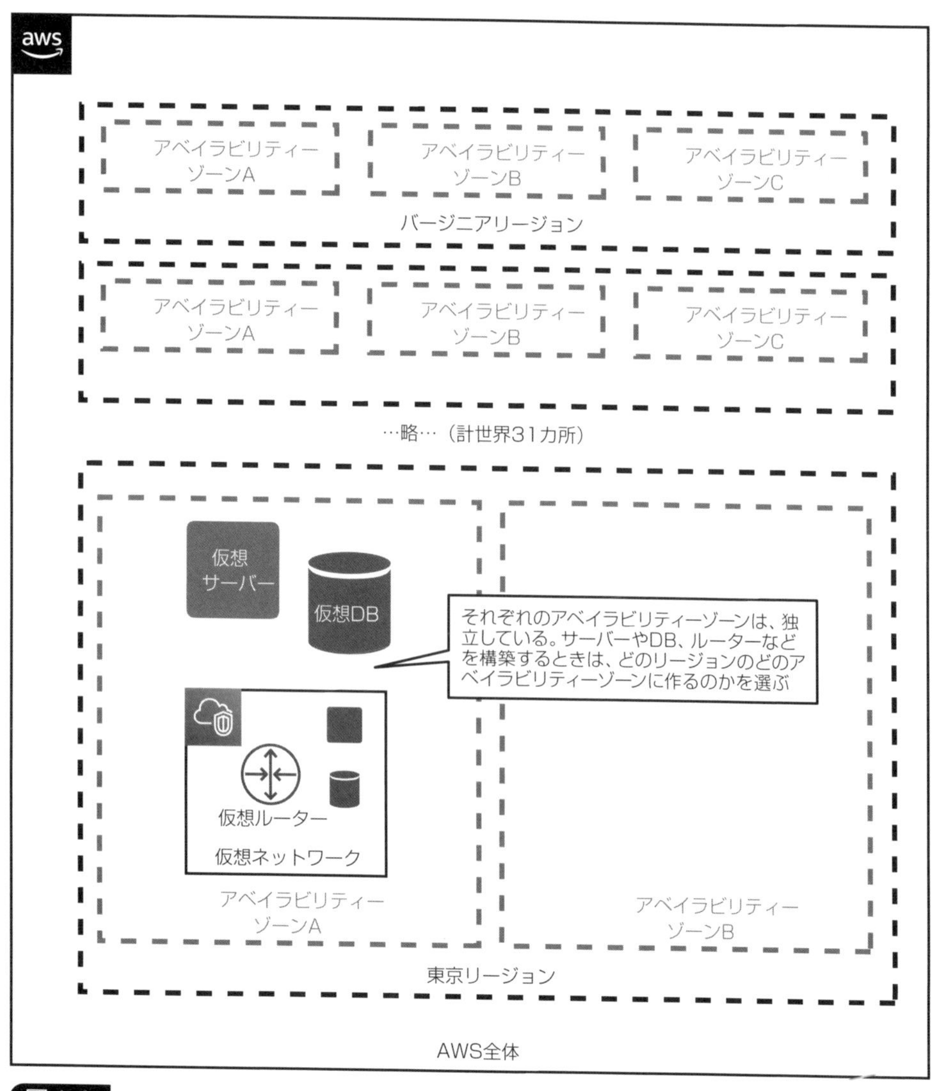

図1-6　リージョンとアベイラビリティーゾーン

それぞれのアベイラビリティーゾーンは、物理的に距離が相当離された、独立したファシリティ（ネットワークや電源網などの設備）を用いています。つまり、あるアベイラビリティーゾーンが地震や洪水などで被害を受けても、他のアベイラビリティーゾーンが影響を受けないようにする、耐障害性を高める概念です（**図 1-6**）。

AWS で仮想的なネットワーク（次で説明する「Amazon Virtual Private Cloud（以下、Amazon VPC）」）や仮想的なサーバー（次で説明する「Amazon Elastic Compute Cloud（以下、Amazon EC2）」インスタンス）を構築する場合、それを「どのリージョンの、どのアベイラビリティーゾーンに置くのか」を決めなければなりません。

AWS を使って実運用する際には、「エンドユーザーに近いリージョンを選ぶとレスポンスが良くなる」とか「耐障害性を高めるために、異なるアベイラビリティーゾーンに同じ構成のサーバーを立てて負荷分散する」など、いろいろと考慮すべきことがあります。

通常、AWS では、データセンター全停止などの大きな障害に備えて、複数のアベイラビリティーゾーンに Amazon EC2 インスタンスを配置して、耐障害性を高めることを推奨しています。

しかし本書では、演習のやりやすさから、「東京リージョン」の 1 つのアベイラビリティーゾーンに、すべての EC2 インスタンスを配置することにします。

■「ネットワーク」と「Amazon VPC」

AWS では、Amazon VPC と呼ばれる領域を作ると、そこに自由なネットワークを作れます。Amazon VPC を作るときには、「どのような IP アドレス範囲を使うか」を指定します。

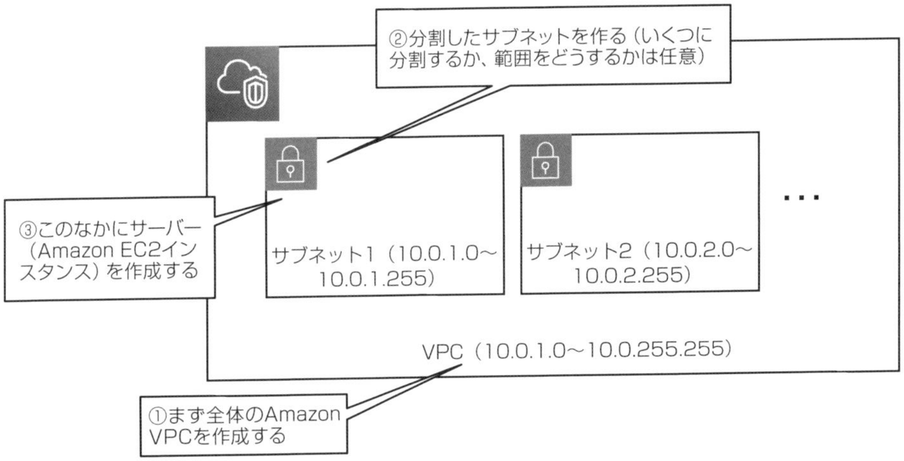

②分割したサブネットを作る（いくつに分割するか、範囲をどうするかは任意）
③このなかにサーバー（Amazon EC2インスタンス）を作成する
サブネット1（10.0.1.0～10.0.1.255）
サブネット2（10.0.2.0～10.0.2.255）
…
VPC（10.0.1.0～10.0.255.255）
①まず全体のAmazon VPCを作成する

図 1-7　VPC を作ったあとにサブネットを作成

図 1-8 EC2 インスタンス

Amazon VPC を作ったら、それをいくつかのネットワークにさらに分割して利用します。分割したネットワークのことを「サブネット」と言います。

サブネットのなかには、次に説明する「サーバー（Amazon EC2 インスタンス）」を配置できます（**図 1-7**）。

■「サーバー」と「Amazon EC2 インスタンス」

AWS では、「Amazon Elastic Compute Cloud（Amazon EC2 もしくは EC2）」というサービスを使ってサーバーを作ります。起動した各サーバーの個体は「インスタンス」と呼びます。インスタンスは、**図 1-8** のように四角い箱で図示します。

インスタンスを作るときは、「CPU のスペック」や「ディスクの容量」などを決められます。

本書では、実験なので、契約してから 1 年間の無償利用範囲に含まれている「t2.micro」というインスタンスタイプを使います。

1-5 本書の流れ

本書では、ここまで説明してきた通り、AWS を使って、WordPress によるブログシステムを構築しながら、ネットワーク技術やサーバー技術を習得していきます。

本書は、次の章で構成しています。

CHAPTER2　ネットワークを構築する

まずは、システムの土台となるネットワークを設計します。ここで、どのような IP アドレスを割り当てるべきなのかについても検討します。

そしてインターネット側から見える「パブリックサブネット」を構築します。

CHAPTER3　サーバーを構築する

Amazon EC2 を使ってサーバーを構築します。サーバーに対して設定するファイアウォールについても説明します。

CHAPTER4　Webサーバーソフトをインストールする

CHAPTER3で構築したサーバーに、Apacheをインストールして、Webサーバーとして構成します。

また、DNSを設定して、ドメイン名でアクセスできるようにします。

CHAPTER5　HTTPの動きを確認する

Webサーバーでは、HTTP（Hyper Text Transfer Protocol）というプロトコルを使って通信します。デバッグツールを使って、実際に、どのようなデータが送受信されているのかをのぞき見ます。

CHAPTER6　プライベートサブネットを構築する

インターネットからは見えない「プライベートサブネット」を作り、DBサーバーを配置します。

CHAPTER7　NATを構築する

CHAPTER6で構築したネットワークからインターネットに接続できるようにするため、NATを構築します。

CHAPTER8　DBを用いたブログシステムの構築

DBサーバーにMariaDBをインストールして、データベースサーバーとして構成したあと、WebサーバーにWordPressをインストールし、ブログシステムを完成させます。

CHAPTER9　TCP/IPによる通信の仕組みを理解する

最後に、今まで解説してきたことのおさらいと、今後どういったことについて学習していくべきなのかという点に触れて、本書のまとめとします。

本書で構築するネットワークの全体像と、本書の該当章は、**図1-9**の通りです。

それでは、実際に、始めていきましょう。次の章では、ネットワークを構築します。

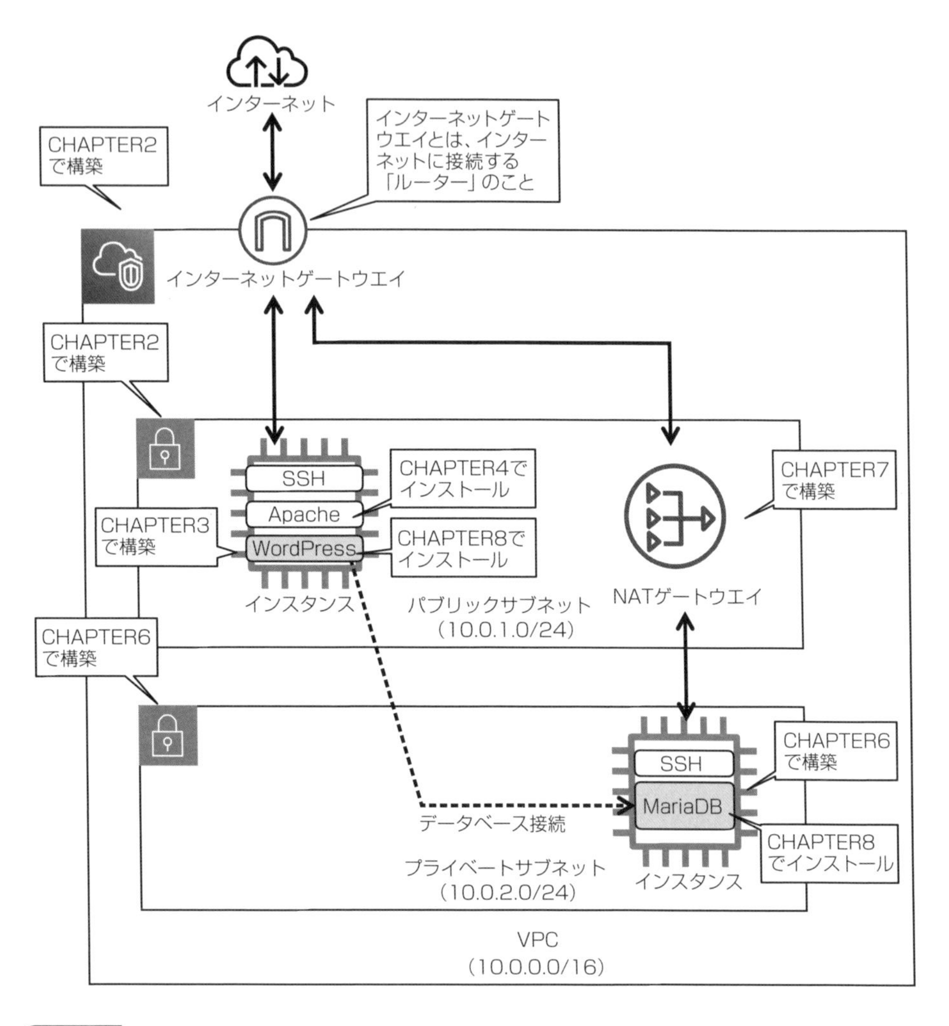

図 1-9　本書で構築するブログシステムの全体像

CHAPTER2 ネットワークを構築する

VPCと呼ばれる領域を構成すると、AWS上に、好きな構成のネットワークを構築できます。この章では、本書全体でネットワークの実験として用いるVPCを構成していきます。

2-1 ネットワークで用いるIPアドレス範囲を定める

前章で説明したように、VPCを構成すると、ユーザーごとに隔離されたネットワークを作れます。作ったネットワークには、任意のネットワーク設定ができ、ルーターなどの仮想的なネットワーク機器も配置できます。これは、本書が主題とする「ネットワークの実験」に、うってつけの環境です。では、実際にVPCを作ってみましょう、と言いたいところですが、その前に、1つ考えなければならないことがあります。それは、VPCに対して割り当てる「IPアドレス範囲」です。

■「パブリックIPアドレス」と「プライベートIPアドレス」

インターネットで使われている「TCP/IP（Transmission Control Protocol/Internet Protocol）」というプロトコルでは、通信先を特定するのに「IPアドレス」を用います。

IPアドレスは、ネットワーク上で互いに重複しない唯一無二の番号で、いわゆる、「住所」に相当します。IPアドレスは、32ビットで構成されます。「192.168.1.2」のように、8ビットずつ10進数に変換したものを、「.」（ピリオド）で区切って表記します。

それぞれのピリオドで区切られた数字は「0」～「255」までです。つまり、IPアドレスは、「0.0.0.0」から「255.255.255.255」までとなります。

Memo IPアドレスには、「IPv4」と「IPv6」の2種類があり、IPアドレスの書式が異なります。Amazon VPCも2016年12月からIPv6をサポートしていますが、本書では、現在主流であるIPv4だけを扱います。

●インターネットで使われる「パブリックIPアドレス」

IPアドレスは、重複すると正しく通信できないため、好き勝手に設定することは許されません。インターネットで利用するIPアドレスは、「ICANN（Internet Corporation for Assigned Names and Numbers)」という団体が一括管理しています。

インターネットに接続する際に用いるIPアドレスのことを「パブリックIPアドレス」や「グローバルIPアドレス」と言います。AWSでは、「パブリックIPアドレス」という名称が使われているため、以下、本書では、「パブリックIPアドレス」に統一します。

パブリックIPアドレスは、プロバイダーや通信事業者、サーバー事業者などから貸し出されます。

Column IPアドレスの割り振りと再配布

IPアドレスは、ICANNが一括管理し、必要に応じて、その配下の団体へと配布する仕組みがとられています。配下の団体は、**図2-A**に示すように「地域」や「国」、「プロバイダー」などです。

インターネットに接続するためには、IPアドレスが必須です。そこでプロバイダーは、上位団体であるJPNIC（Japan Network Information Center）という団体にIPアドレスを申請して、あらかじめエンドユーザーの数に見合ったIPアドレスを確保しています。光回線や4Gや5Gの回線などでエンドユーザーがインターネットに接続しようとしたときには、そのIPアドレスを使ってインターネットに接続するように構成します。

JPNICは、アジア地域を担当するその上位団体APNIC(Asia Pacific Network Information Centre)からIPアドレスを割り振られ、それを分割して、プロバイダーや通信事業者などに再配布しています。

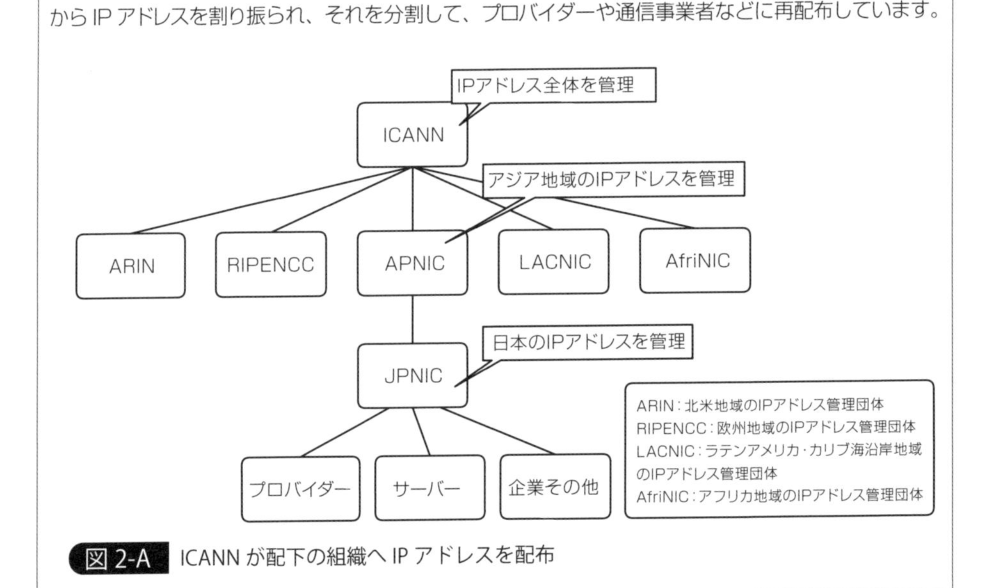

図2-A　ICANNが配下の組織へIPアドレスを配布

Memo 2011年2月3日にICANNがもつIPアドレス（IPv4アドレス）の在庫がなくなりました。日本国内を統括するJPNICでも2011年4月15日に在庫がなくなりました。現在は、各プロバイダーが割り振られたIPアドレスの在庫をもっているので、しばらくの間は「IPアドレスが足りないから、新規のユーザーを受け入れられない」という事態にはなりません。しかし、そのうち、新規にIPアドレスをもらうことができなくなります。そのためインターネットの世界では、現在のIPv4から、まだIPアドレスが潤沢に残っているIPv6への移行が進められています（IPv4とIPv6は互換性がないため、移行はスムーズではありません。そのため移行が完了するまでは、1つのIPアドレスを複数のエンドユーザーで共有するNAT（Network Address Translation）という仕組みでIPアドレスの不足問題を解決しようとしています）。

●自由に利用してよい「プライベートIPアドレス」

一方で、インターネットで使われないIPアドレスもあります。**表2-1**に示すIPアドレス範囲は、「プライベートIPアドレス」と呼ばれます。

IPアドレス範囲
10.0.0.0～10.255.255.255
172.16.0.0～172.31.255.255
192.168.0.0～192.168.255.255

表2-1 プライベートIPアドレス

プライベートIPアドレスは、誰にも申請することなく自由に使えます。

社内LANを構築するときや、本書で行うようなネットワークの実験をするときには、この範囲のIPアドレスを用いるようにします。

■IPアドレス範囲と表記方法

ネットワークを構築する際には、まず、そのネットワーク内で使うIPアドレスの範囲を定めます。

実験用ネットワークであれば、表2-1に示したプライベートIPアドレスの範囲から、サーバーやクライアント、ネットワーク機器を接続するのに十分な数を確保したIPアドレスの範囲を定めます。

このとき、IPアドレスの範囲を「10個」や「15個」、「20個」といったように、好きな数で区切ることはできません。ホストに割り当てるIPアドレスの範囲は、「2のn乗個で区切る」という決まりがあるからです。

つまり、「4個」「8個」「16個」「32個」「64個」「128個」「256個」…略…「65536個」…略…、といった単位で区切ります。

一般に、よく使われる区切りが、「256個」と「65536個」です。

「256個の区切り」は最後から8ビット分（＝2の8乗）に相当し、ちょうど、IPアド

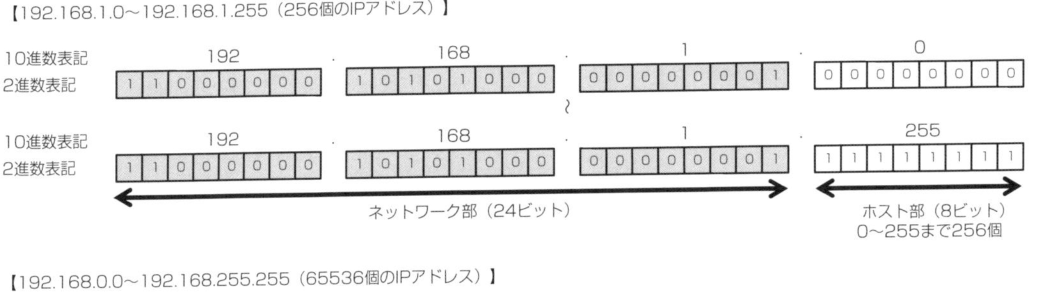

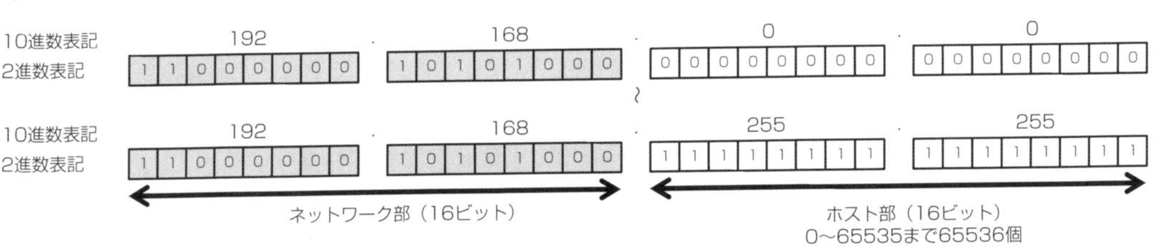

図 2-1　「ネットワーク部」と「ホスト部」

レスの「ピリオドで区切った先頭から3つまで」を境に、右側の数字をホストに割り当てます。たとえば、「192.168.1.0 ～ 192.168.1.255」は、256個で区切ったときの一例です。

同様に、「65536個の区切り」は最後から16ビット分（= 2の16乗）に相当し、IPアドレスの「ピリオドで区切った先頭から2つまで」を境に、右側の数字をホストに割り当てます。たとえば、「192.168.0.0 ～ 192.168.255.255」は、65536個で区切ったときの一例です。

IPアドレスは、前半の部分を「ネットワーク部」、後半の部分を「ホスト部」と言います（**図 2-1**）。

図2-1からわかるように、ネットワーク部は、同じネットワークに属する限りは、同じ値です。そしてホスト部が、割り当てたいサーバーやクライアント、ネットワーク機器に対する連番となります。

Memo　ホスト（host）とは、コンピュータやルーターをはじめとしたネットワーク機器など、IPアドレスをもつ通信機器の総称です。

Memo　便宜的に「連番」と述べましたが、実際には、飛び飛びの値を割り当ててもかまいません。たとえば、管理しやすくするため、ネットワーク機器には、先頭から「192.168.1.1」「192.168.1.2」…を、サーバーには、少し離れて「192.168.1.10」「192.168.1.11」…を割り当て、クライアントには、さらに離れた「192.168.1.100」「192.168.1.101」…のように割り当てる、といったように、用途別に少し離れたIPアドレスを割り当てる運用は、よく行われます。

●CIDR表記とサブネットマスク表記

さて、「192.168.1.0 ～ 192.168.1.255」や「192.168.0.0 ～ 192.168.255.255」といった表現は長いため、通常、IPアドレス範囲を示すときには、「CIDR表記（サイダー：Classless Inter-Domain Routing)」もしくは「サブネットマスク表記」の、いずれかの表記を用います。

①CIDR表記

IPアドレスを2進数で表記したとき、「ネットワーク部のビット長」を「/ビット長」で示す方法です。このビット長のことを「プレフィックス（prefix)」と言います。

たとえば「192.168.1.0 ～ 192.168.1.255」の場合、プレフィックスは24ビットです。そこで、「192.168.1.0/24」と記述します。同様に、「192.168.0.0 ～ 192.168.255.255」は、プレフィックスは16ビットなので、「192.168.0.0/16」と記述します（**図2-2**）。

IPアドレス範囲をCIDR表記する場合、その範囲は「CIDRブロック」と呼ばれます。

②サブネットマスク表記

サブネットマスクは、プレフィックスのビット数だけ2進数の「1」を並べ、残りは「0」を記述した表記です（**図2-3**）。

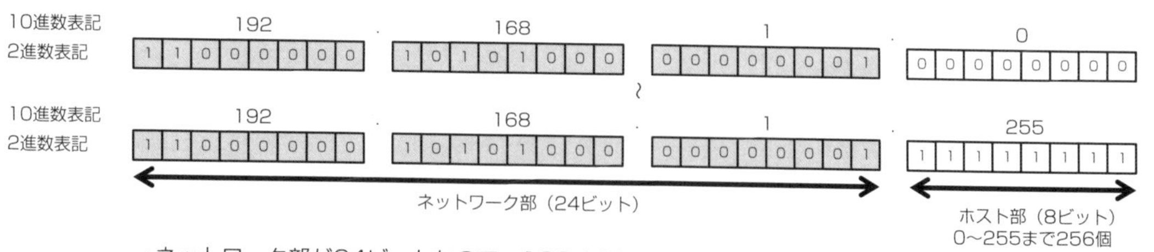

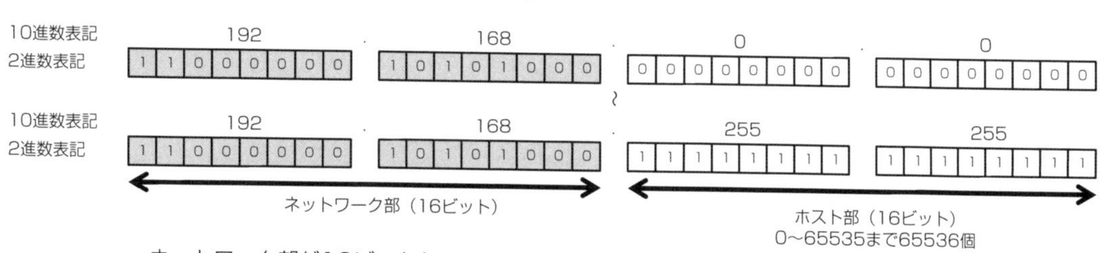

図2-2 CIDR表記の例

たとえば、「192.168.1.0 ～ 192.168.1.255」の場合、サブネットマスクは「255.255.255.0」なので、「192.168.1.0/255.255.255.0」と表記します。同様に、「192.168.0.0 ～ 192.168.255.255」の場合、サブネットマスクは「255.255.0.0」で、「192.168.0.0/255.255.0.0」と表記します。

CIDR表記やサブネットマスク表記は少し難しく感じますが、単純に、「先頭から、いくつ分のIPアドレス範囲を示しているか」を示す表記方法にすぎません。

多く用いるIPアドレス範囲は、「256個単位」もしくは「65536個単位」です。そこで、最初のうちは、次の規則さえ覚えていれば十分です。

【192.168.1.0～192.168.1.255（256個のIPアドレス）】

10進数表記　192 . 168 . 1 . 0
2進数表記　11000000 10101000 00000001 00000000
～
10進数表記　192 . 168 . 1 . 255
2進数表記　11000000 10101000 00000001 11111111
ネットワーク部（24ビット）
ホスト部（8ビット）
0～255まで256個

サブネットマスク
10進数表記　255 . 255 . 255 . 0
2進数表記　11111111 11111111 11111111 00000000
ネットワーク部は、すべて「1」
ホスト部は、すべて「0」

→192.168.1.0/**255.255.255.0**

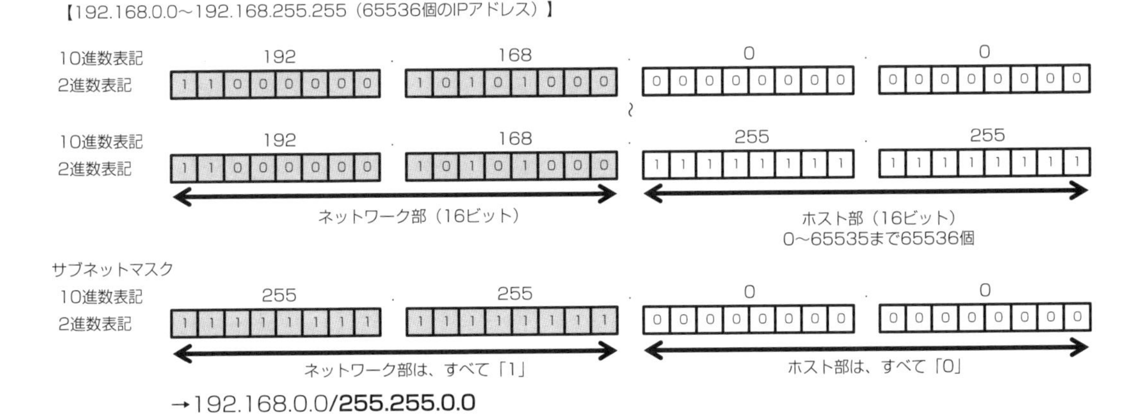

図2-3　サブネットマスク表記の例

①CIDR 表記「/24」もしくはサブネットマスク表記「/255.255.255.0」
　256 個分の範囲を示します。たとえば、「AAA.BBB.CCC.0/24」もしくは「AAA.BBB.CCC.0/255.255.255.0」と表記された場合、「AAA.BBB.CCC.0 ～ AAA.BBB.CCC.255」です。

②CIDR 表記「/16」もしくはサブネットマスク表記「/255.255.0.0」
　65536 個分の範囲を示します。たとえば、「AAA.BBB.0.0/16」もしくは「AAA.BBB.0.0/255.255.0.0」と表記された場合、「AAA.BBB.0.0 ～ AAA.BBB.255.255」です。

　これらは、表記の決まりごとにすぎません。たとえば、

① 192.168.1.0 ～ 192.168.1.255
② 192.168.1.0/24
③ 192.168.1.0/255.255.255.0

は、すべて同じ IP アドレス範囲を示しています。
　ネットワーク関係の多くのコマンドや設定では、②や③の表記しか受け付けません。そのため②や③の表記が出てきたときに、①の範囲を示すのだとわかるかどうかが、ネットワークを理解するポイントです。

■本書でのネットワーク構成

　本書では、これから実験用のネットワークを構築していきます。すでに説明したように、実験用のネットワークでは、プライベート IP アドレス範囲を用います。
　プライベート IP アドレス範囲なら、どの範囲を用いてもかまいませんが、Amazon VPC の仕様では、VPC を作成するときに、プレフィックス長として「16 以上」を指定する必要があります。そこで本書では、

10.0.0.0/16

という CIDR ブロック（IP アドレス範囲）を利用して、プライベート IP アドレスのネットワーク空間を作成することにします。
　実際の IP アドレスとして表記すると、「10.0.0.0/16」は、

10.0.0.0 ～ 10.0.255.255

の範囲です。

2-2 実験用の VPC を作成する

前置きが長くなりましたが、本書では、「10.0.0.0/16」の CIDR ブロックで VPC を構成します。AWS マネジメントコンソールを使って VPC を作るには、次のようにします。この作業は、実世界において、「ルーターやハブなどを用意して、環境を整える作業」に相当するものです。

Memo AWS マネジメントコンソールの URL は、https://console.aws.amazon.com/ です。

【手順】「10.0.0.0/16」の VPC を作る

[1] AWS マネジメントコンソールで VPC を開く

AWS マネジメントコンソールのホーム画面から、[VPC] を選択します（**図 2-4**）。

[2] リージョンを設定する

VPC の操作対象とするリージョンを右上から選択します。

本書では、東京リージョンに実験用のネットワークを作るので、[アジアパシフィック（東京）] を選択してください（**図 2-5**）。

Memo AWS マネジメントコンソールでは、一度右上からリージョンを選択すると、Amazon VPC だけでなくほかのサービスに対しても、それがデフォルトとして設定されます。そのため以降の操作では、都度、リージョンを選択する必要がなくなります。

[3] VPC を作成する

[お使いの VPC] メニューをクリックします。すると、VPC の一覧が表示されます（まだ VPC を作っていませんが、すでに「デフォルトの VPC」と呼ばれる VPC が一つあります）。

[VPC を作成] をクリックして、VPC の作成をはじめてください。

[VPC を作成] 画面が表示されたら、[作成するリソース] で [VPC のみ] を選択します。

「名前タグ」には、作成する VPC に付ける名前を入力します。ここでは「VPC」とします。「IPv4 CIDR ブロック」は、使用する IP アドレス範囲です。ここでは「10.0.0.0/16」と入力します。[VPC を作成] をクリックすると、VPC が作られます（**図 2-6**）。

Memo テナンシーの設定は、デフォルトのままにしてください。ハードウエア専有は、物理的なサーバー上に他のユーザーの仮想サーバーが乗らなくなる設定で、別途費用がかかります。企業のコンプライアンス上の理由などで物理サーバーを専有する必要があるような場合のみ利用する機能です。また、前述の通り、今回はIPv4で環境を構築しますので、IPv6のオプションはデフォルトの［IPv6 CIDRブロックなし］を選択してください。

図2-4 VPCを開く

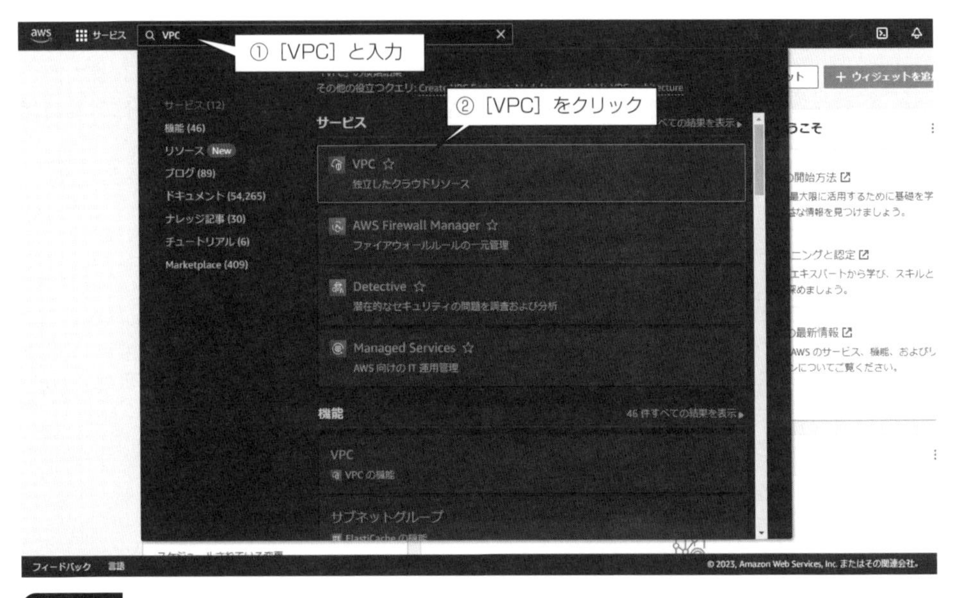

図2-5 リージョンを設定する

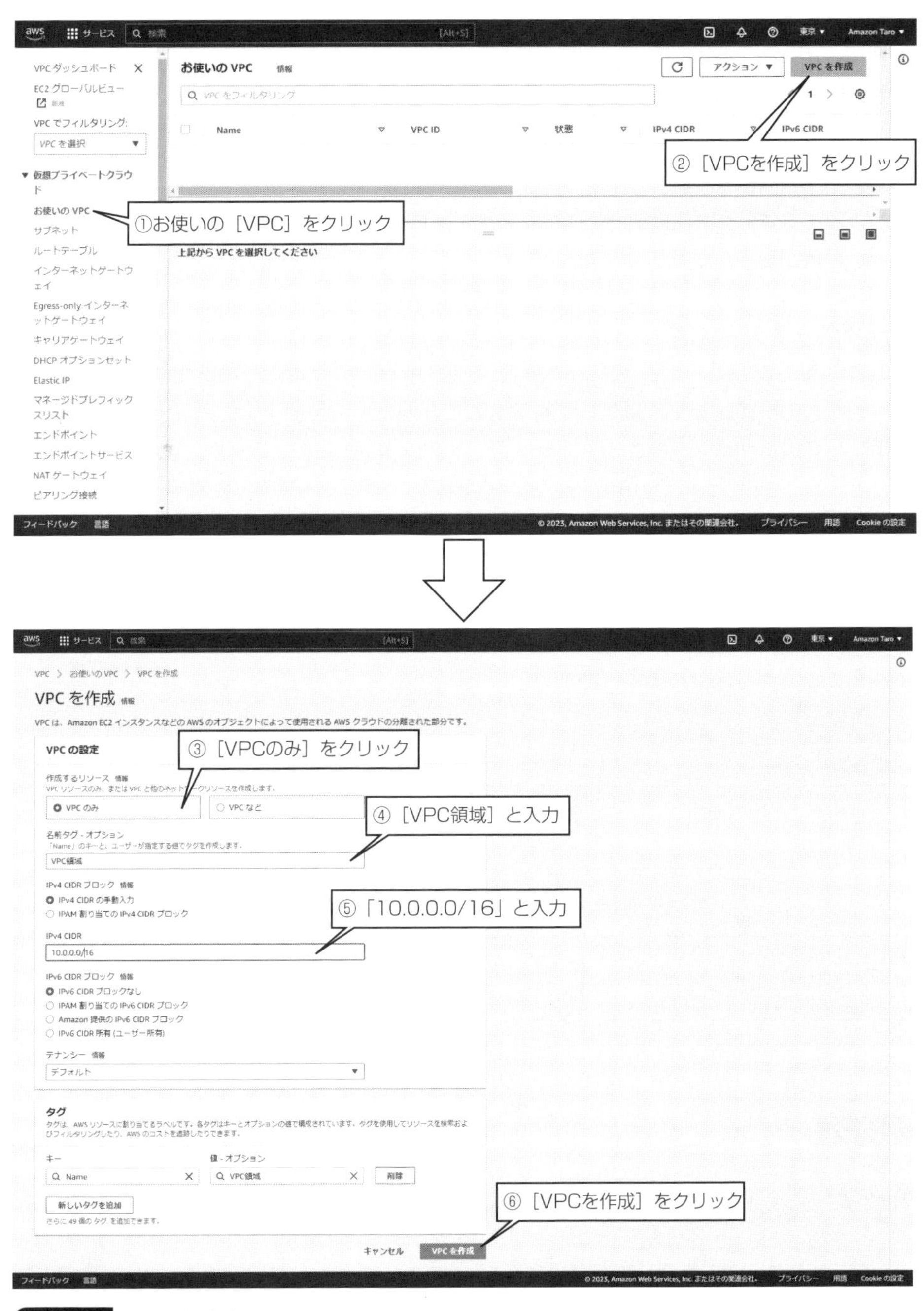

図 2-6　VPC を作成する

2-3 VPCをサブネットに分割する

以上の作業で、「10.0.0.0/16」というCIDRブロックをもった「VPC」という名前をもつVPC、すなわち、プライベートなネットワーク空間が出来上がりました。

このネットワーク空間は、作成したユーザーが自由に扱うことができる空間で、他のユーザーからは、まったく見えません。

■サブネットの考え方

実際のネットワークでは、割り当てられたCIDRブロックを、そのまま使わずに、さらに小さなCIDRブロックに分割して利用することがほとんどです。このように、さらに細分化したCIDRブロックのことを「サブネット（Subnet）」と言います。

たとえば、今回は、「10.0.0.0/16」というCIDRブロックをVPCに割り当てましたが、これをさらに、

・「/24」の大きさで切って256分割する

ということがよく行われます（**図2-7**）。

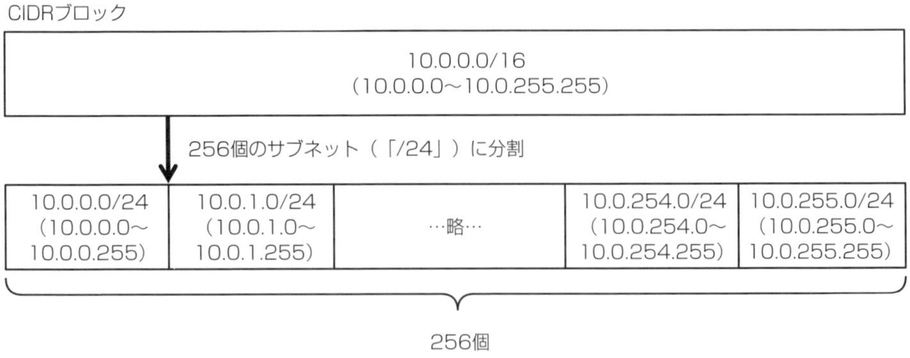

CIDRブロック

10.0.0.0/16 （10.0.0.0～10.0.255.255）

256個のサブネット（「/24」）に分割

10.0.0.0/24 （10.0.0.0～ 10.0.0.255）	10.0.1.0/24 （10.0.1.0～ 10.0.1.255）	…略…	10.0.254.0/24 （10.0.254.0～ 10.0.254.255）	10.0.255.0/24 （10.0.255.0～ 10.0.255.255）

256個

図2-7 CIDRブロックをサブネットに分割する

Memo 「/24」は一例です。必要なら、「/28」などさらに小さくすることもできますし、「/20」のように大きく切ることもできます。そして、最初に「/24」で分けておき、その分けたものをさらに「/28」に細分化することもできます。いくつに分割するのかは、運用によります。「/24」は、ちょうどピリオドで区切られた「左から3つめ」までを指していてわかりやすいため、サブネットに分割するときに、よく使われる分割値です。

サブネットに分割すると、その部分でネットワークを分けることができます。分けたい主な理由として、次の2点が挙げられます。

①物理的な隔離

社内LANを構築する場合、「1階と2階とで、別のサブネットに分けたい」というように物理的に分けたいことがあります。

サブネットに分けておくと、万一、どちらかのサブネットが障害を起こしたときも、もう片側に、その影響が出にくくなります。

②セキュリティ上の理由

サブネットを分ければ、それぞれに対して、別のネットワークの設定ができます。

たとえば、「経理部のネットワーク」だけを分離して、他の部署からはアクセスできないようにしたいというのは、よくあるセキュリティの要求です。

また、社内にサーバーをもっている場合は、「サーバー群だけを別のサブネットにして、そのサブネットとの通信を監視したり一部しかデータを通さないように構成したりすることでセキュリティを高める」とか、「インターネットに接続するサーバーだけを別のサブネットにして、社内LANから隔離する」という構成も、よくとられます。

■VPCをサブネットに分割する

さて、本書で扱う実験用ネットワークでは、いま作成したVPCを、次の2つのサブネットに分割することにします（**図2-8**）。

①パブリックサブネット（10.0.1.0/24）

インターネットからアクセスすることを目的としたサブネットです。のちの手順で、この領域には、Webサーバーを設置して、インターネットからアクセスできるようにします。

②プライベートサブネット（10.0.2.0/24）

インターネットから隔離したサブネットです。のちの手順で、この領域には、データベースサーバーを設置します。

Memo

「/24」で分割しているので、「10.0.3.0/24」や「10.0.4.0/24」などは、余ります。本書では、これらの残った部分は、利用しません。

それならば、「10.0.0.0/16」ではなくて、「10.0.0.0/22」で足りると思うかも知れません。確かに、その通りです。しかし「/16」にすれば、左からピリオド２つ分で分割できるため、「/22」よりも明らかにわかりやすくなります。それに、ギリギリの大きさで作成すると、あとでネットワークを拡張したくなったときに、拡張できなくなります。一般に、ネットワークは、接続するコンピュータの数が増えてゆき、将来的に大きくなるものなので、ある程度の余裕をもって設計するのが通例です。

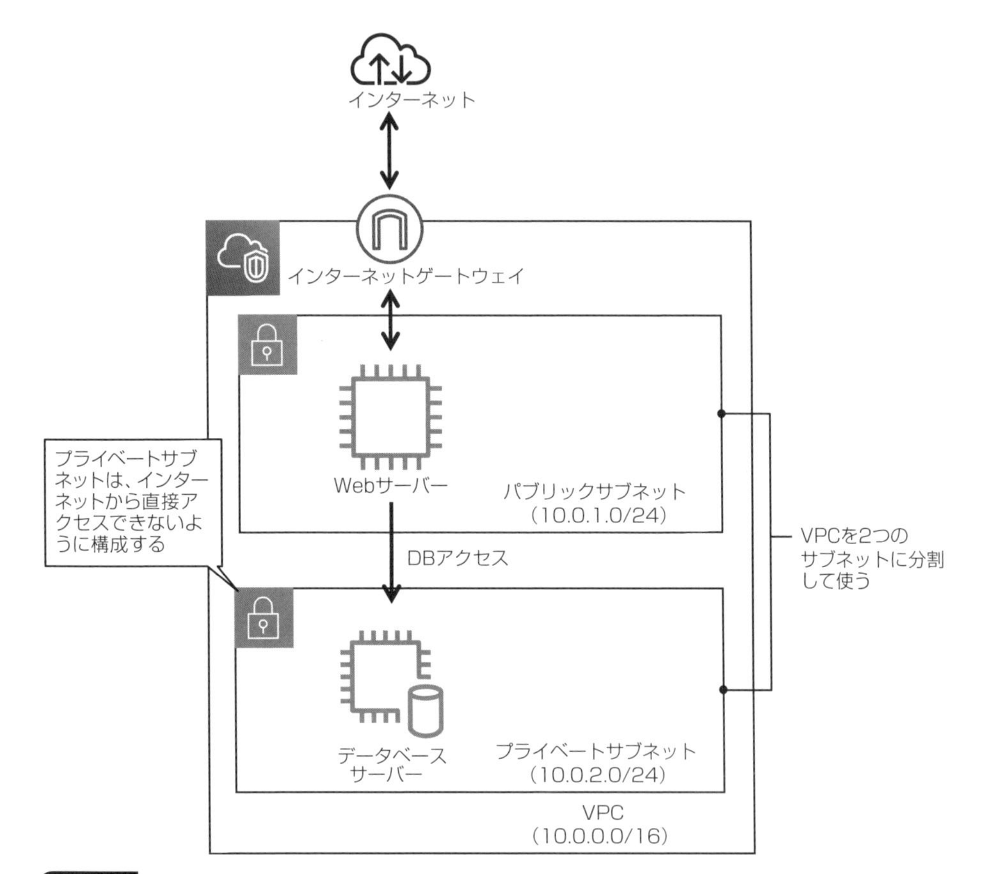

図2-8　本書で扱う実験用ネットワークの構成

図2-8のように、「インターネットからアクセスできる箇所」と「インターネットからはアクセスできない箇所」に分離するのは、セキュリティを高めるときに、よく用いられるネットワーク構成です。

図2-8において、プライベートサブネットに配置するデータベースサーバーは、インターネットから直接アクセスできないので、セキュリティを高められます。

■パブリックサブネットを作る

では実際に、サブネットを作成してみましょう。まずは、パブリックサブネットを作成します。

図2-8に示したように、パブリックサブネットは、「10.0.1.0/24」のCIDRブロックで作成します。

図 2-9　サブネットを作成する

図 2-10　サブネットの名称や IP アドレスを入力

【手順】パブリックサブネットを作る

［1］サブネットを作成する

［サブネット］メニューをクリックし、［サブネットを作成］ボタンをクリックしてください（図2-9）。

Memo もし、複数のVPCを作成しているときは、［VPC ID］の部分で、どのVPCに対してサブネットを作成するのかを選択してください。

［2］CIDRブロックを設定する

すると、CIDRブロックの入力画面が表示されます。

サブネット名の部分には、サブネットの名前を入力します。ここでは、「パブリックサブネット」と入力します。

［IPv4 CIDR ブロック］には、割り当てるCIDRブロックを入力します。「10.0.1.0/24」と入力し、［サブネットを作成］ボタンをクリックしてください（図2-10）。

Memo ［アベイラビリティーゾーン］では、サブネットを作成するアベイラビリティーゾーンを選択できます。ここでは、最初のサブネットを作成するため、どこに設置しても同じなので、［指定なし］を選択します。すると、ランダムなアベイラビリティーゾーンが自動的に選択されます。［指定なし］ではなく、任意のアベイラビリティーゾーンに配置することもできます。複数のサブネットを構築する際に、異なるアベイラビリティーゾーンに配置しておけば、仮に片方のアベイラビリティーゾーンに障害が起こった場合でも、もう片方のアベイラビリティーゾーンにあるサブネットには影響が及ばない、という設計ができます。

2-4 インターネット回線とルーティング

以上で、パブリックサブネット（10.0.1.0/24）ができました。次に、このパブリックサブネットを、インターネットと接続しましょう。

■インターネットに接続するための回線を引き込む

AWSにおいて、あるサブネットをインターネットに接続するには、「インターネットゲートウエイ（Internet Gateway）」を用います。これは、「自分のネットワークにインターネット回線を引き込む」というイメージの作業です（図2-11）。

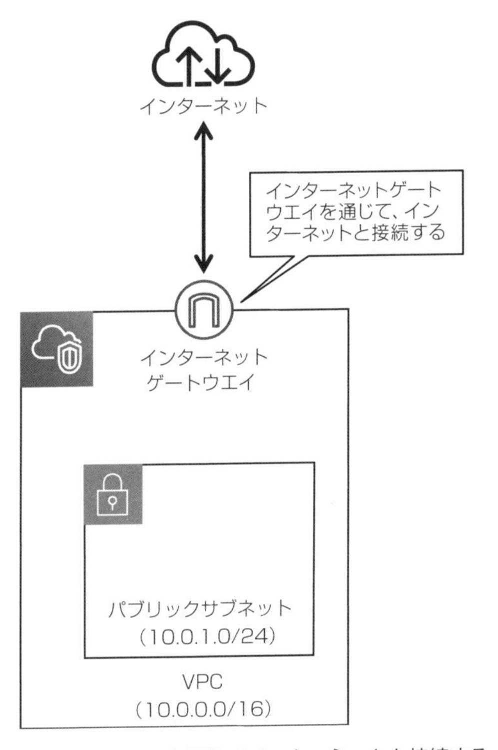

図 2-11　インターネットゲートウエイを通じてインターネットと接続する

インターネットゲートウエイを作成して、サブネットをインターネットに接続するには、次のようにします。

【手順】インターネットゲートウエイを作成して、サブネットをインターネットに接続する

[1] インターネットゲートウエイを作成する

［インターネットゲートウエイ］メニューを開き、［インターネットゲートウエイの作成］をクリックします。［インターネットゲートウェイの作成］画面が開いたら、［名前タグ］に適当な名前、ここでは「test-innternet-gateway」と入力します。［作成］をクリックすると、インターネットゲートウエイが作成されます（**図 2-12**）。

Memo 名前は必須です。［名前タグ］が空欄のままではインターネットゲートウェイを作成できません。

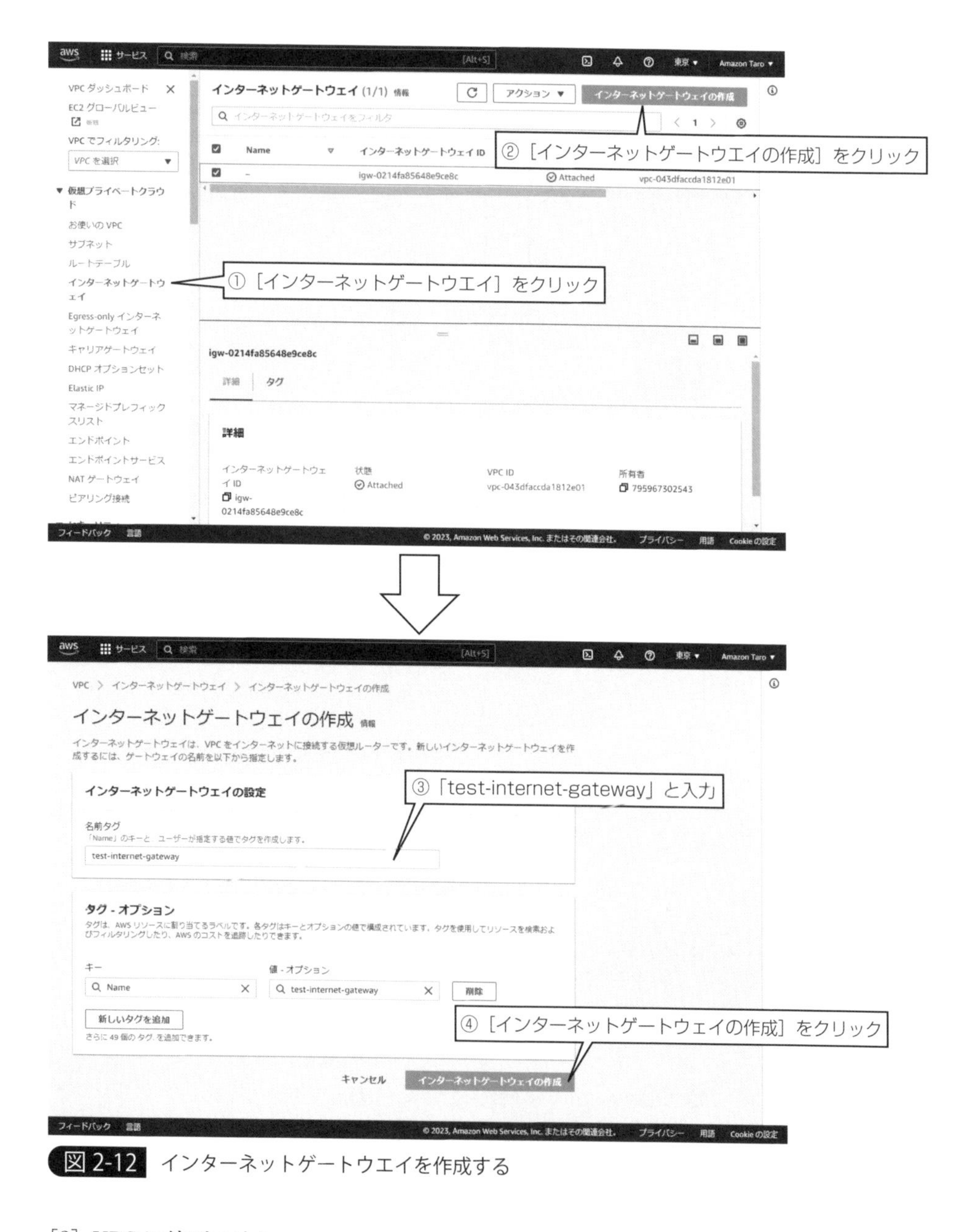

図 2-12　インターネットゲートウエイを作成する

［2］VPCに結びつける

作成したインターネットゲートウエイにチェックを付けてから［アクション］をクリックして［VPCにアタッチ］メニューをクリックします（**図2-13**）。

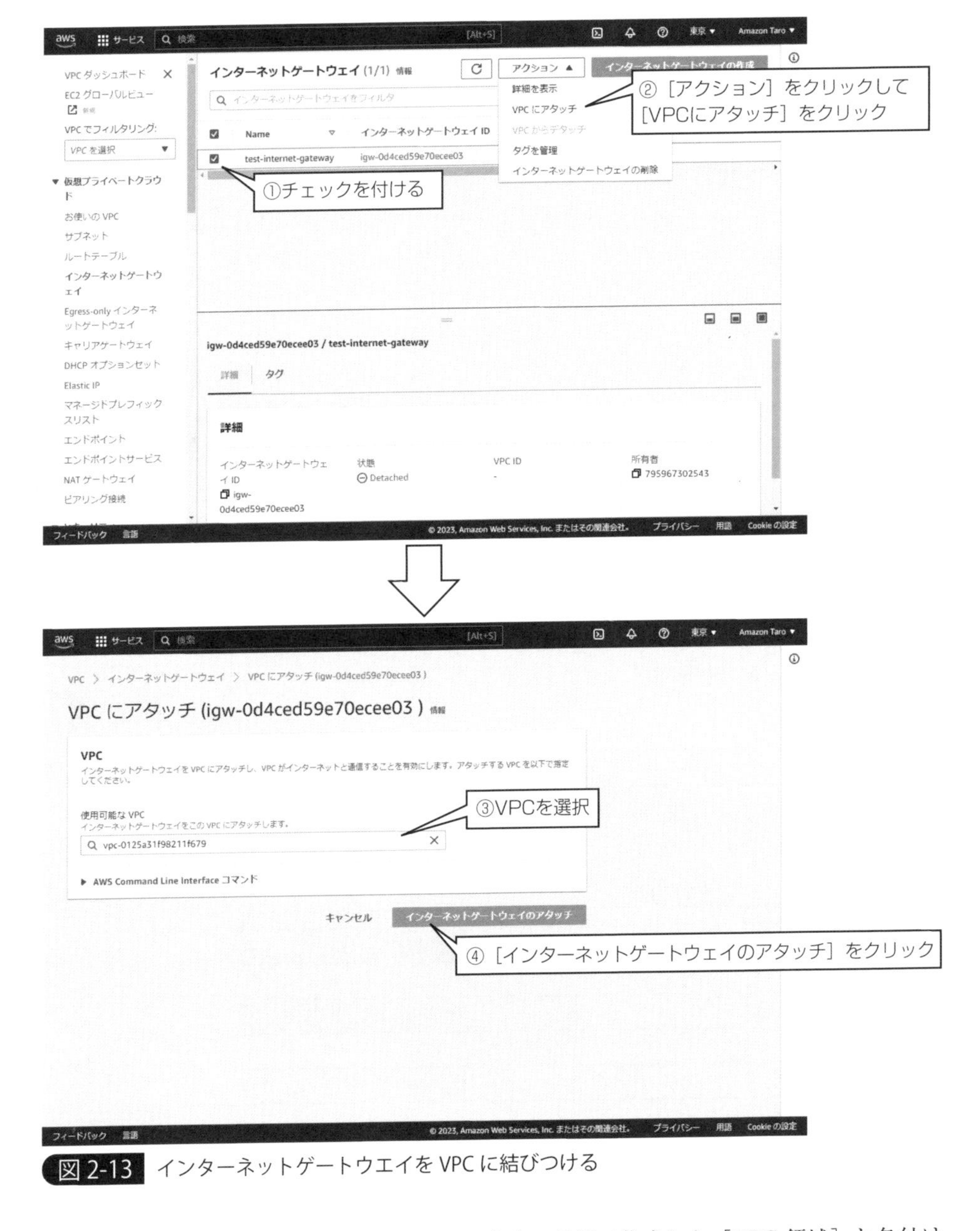

図 2-13　インターネットゲートウエイを VPC に結びつける

すると、結びつける先の VPC を尋ねられます。前節で作成した［VPC 領域］と名付けた VPC を選択してください。［インターネットゲートウェイのアタッチ］をクリックすると、その VPC にインターネットゲートウエイが結びつけられます。

Memo VPCには、「vpc-XXXXXX（XXXXXXはランダムな番号）」というVPC IDが振られているので、この番号で区別します。VPC IDは、[VPC] メニューをクリックして表示されるVPC一覧で確認できます。

■ルーティング情報

ネットワークにデータを流すためには、「ルーティング情報」と呼ばれる設定が必要です。この設定は、「ルーティングテーブル（Routing Table）」や「ルートテーブル（Route Table）」と呼ばれます。

AWSでは「ルートテーブル」という設定名で呼ばれるため、本書では、以下、「ルートテーブル」という名称で統一します（AWSでは「ルートテーブル」と呼ばれますが、一般的なネットワーク用語では、「ルーティングテーブル」と呼ばれることも多いです）。

インターネットで使われている「TCP/IP」というプロトコルでは、データを細切れにした「パケット（Packet）」という単位で、データを送受信しています。

パケットは、さまざまな「ヘッダー情報」と「データの実体」を含んでいます。ヘッダー情報の1つに、「宛先IPアドレス」があります（**図2-14**）。

TCP/IPでは、ネットワーク機器である「ルーター」が、この「宛先IPアドレス」を見ながら、「もっとも宛先IPアドレスに近いほうのネットワーク」へと、次々とパケットを転送していき、最終目的地までパケットを到達させます。

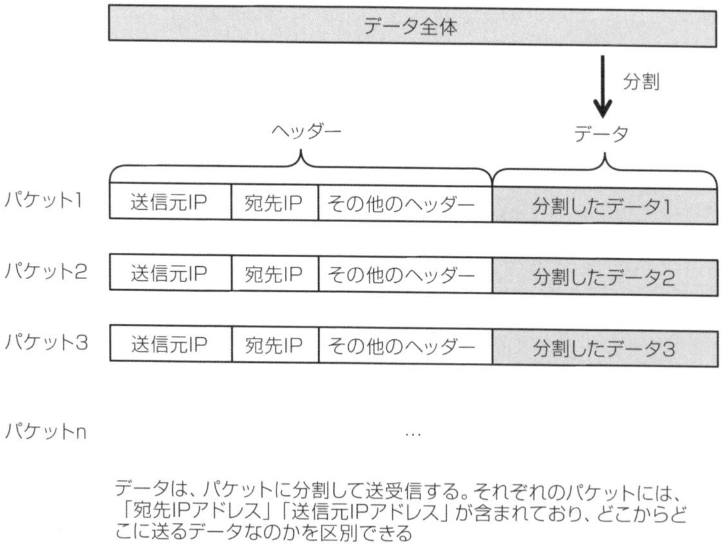

図2-14　パケットはヘッダーとデータで構成される

この仕組みでは、ルーターが、「どちらのネットワークが、より宛先 IP アドレスに近いか」を、事前に知っていないと、うまく機能しません。設定によっては、パケットが行ったり来たりしてしまい、相手に届かないこともあり得ます。

この問題を解決するための、「宛先 IP アドレスの値が、いくつのときには、どのネットワークに流すべきか」という設定こそが、ルートテーブルです。

それぞれのルーターには、ルートテーブルを設定しておき、パケットが到着したときには、そのルートテーブルの定義に従って、次のネットワークへとパケットを転送します。

ルートテーブルは、

宛先アドレス　　流すべきネットワークの入り口となるルーター

という書式で設定します。宛先アドレスのことは、「ディスティネーション（destination）」と呼びます。

「流すべきネットワーク先」は、「ネクストホップ（next hop）」や「ターゲット（target）」

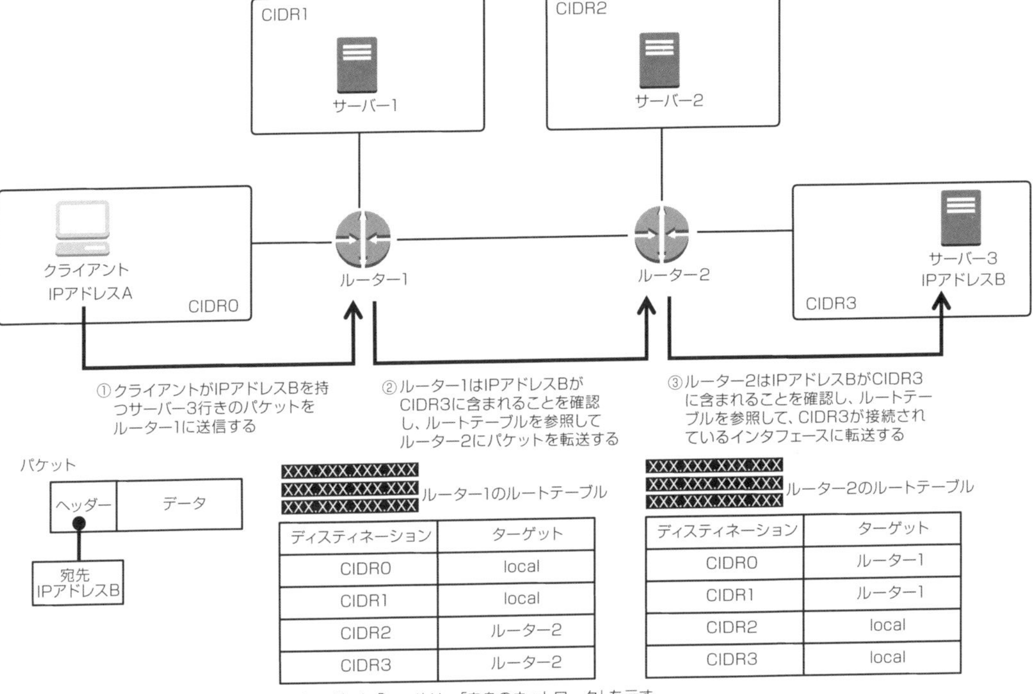

ディスティネーション	ターゲット
CIDR0	local
CIDR1	local
CIDR2	ルーター2
CIDR3	ルーター2

ディスティネーション	ターゲット
CIDR0	ルーター1
CIDR1	ルーター1
CIDR2	local
CIDR3	local

※ターゲット「local」は、「自身のネットワーク」を示す。

図 2-15　ルートテーブルの設定例とパケットの流れ

などという名称で呼びます。AWSでは、「ターゲット」という名称で設定するので、以下、本書では、「ターゲット」に統一します。

たとえば、「CIDR0」「CIDR1」「CIDR2」「CIDR3」の4つのネットワークがルーターで接続されているときの、ルートテーブルの設定例と、実際のパケットの流れを、**図2-15**に示します。

■ルートテーブルを設定する

AWSでは、**図2-16**のように、サブネットごとにルートテーブルを設定できます。

実際には、意識する必要はありませんが、VPCにおいては、サブネットやインターネットゲートウエイの間に、ルーターの役割を果たすソフトウエアが動いています。

●デフォルトのルートテーブル

VPCを作った直後は、デフォルトのルートテーブルが作られます。そしてサブネットを作成したときには、そのデフォルトのルートテーブルが適用されています。

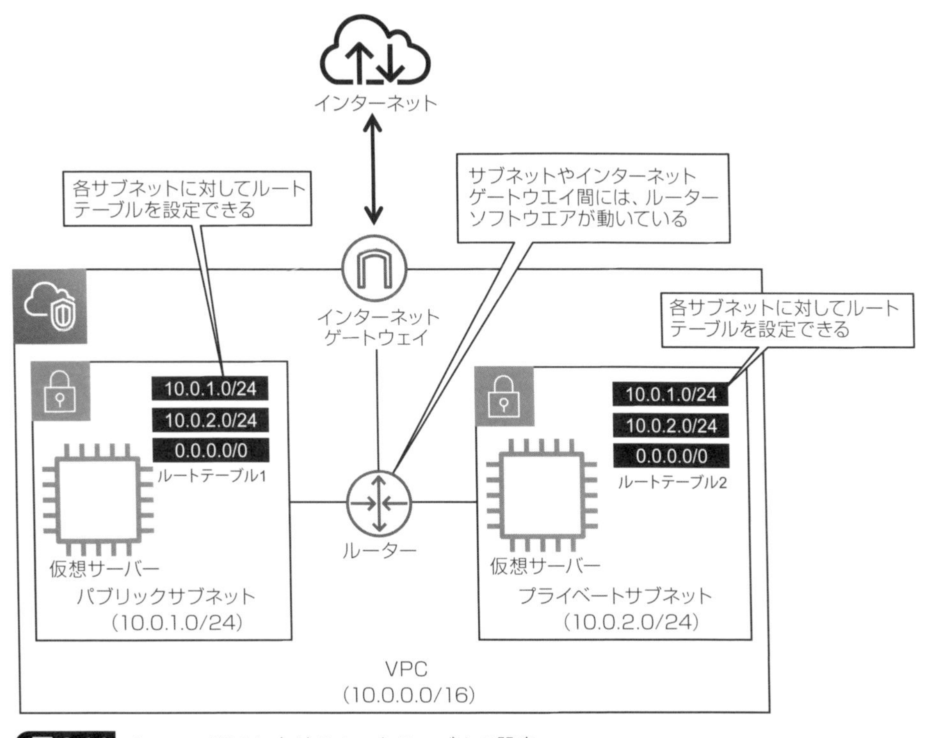

図2-16　Amazon VPCにおけるルートテーブルの設定

サブネットを作成した直後に、どのようなルートテーブルが設定されているのかは、次のようにして確認できます。

【手順】サブネットに対して設定されているルートテーブルを確認する

[1]　サブネットに割り当てられたルートテーブルのルートテーブル ID を確認する

ルートテーブルには、ルートテーブル ID という「rtb-XXXXXX（XXXXXX はランダムな値）」という識別子が付けられています。

まずは、[サブネット] をクリックしてサブネット一覧を表示し、ルートテーブル ID を確認します（**図 2-17**）。

[2]　ルートテーブルの設定値を確認する

[ルートテーブル] メニューをクリックすると、ルートテーブル一覧が表示されます。このなかから [1] で確認したルートテーブル ID を持つルートテーブルをクリックします。

[ルート] タブをクリックすると、現在の設定値を確認できます（**図 2-18**）。

図 2-18 に示したように、デフォルトのルートテーブルは、

送信先	ターゲット
10.0.0.0/16	local

という 1 項目だけが設定されています。これは、作成した VPC の CIDR ブロックである

図 2-17　ルートテーブル ID を確認する

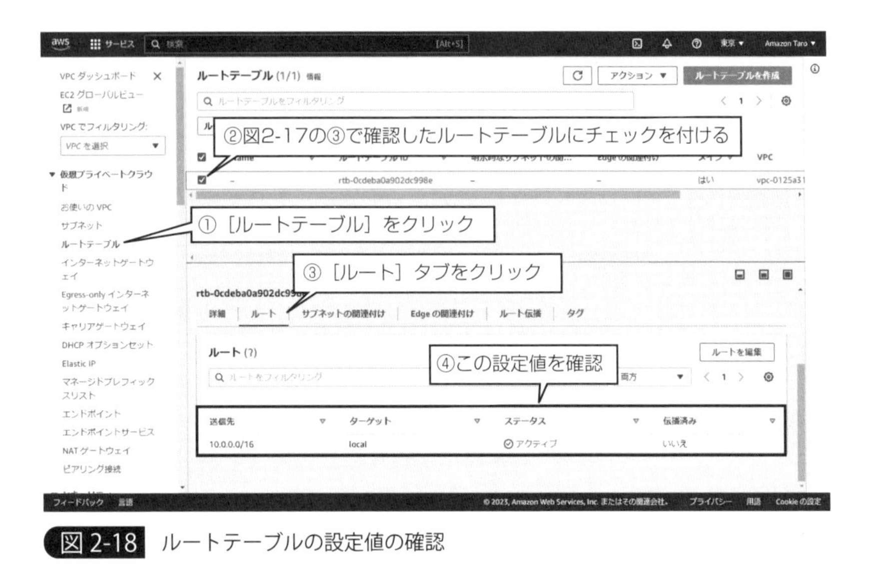

図 2-18　ルートテーブルの設定値の確認

「10.0.0.0/16」に含まれるIPアドレス宛のパケットであれば、そのVPCのルーターに接続されている相手への通信なので、自身のルーター（つまりローカル。ネットワークの世界では、自分が所属しているネットワークのことを慣習的に「ローカル」や「ローカルネットワーク」と呼びます）にパケットを転送するという意味です。

このルートテーブルには、この設定しかないため、「10.0.0.0/16の範囲外の宛先のパケット」は、すべて破棄されます。

●デフォルトゲートウエイをインターネットに向けて設定する

本書では、「パブリックサブネット（10.0.0.0/16）」をインターネットに接続したいのですが、このままだと、インターネットと通信できません。なぜなら、いま説明したように、「10.0.0.0/16以外の宛先のパケット」は、すべて破棄されてしまうからです。

ここまでの作業で、インターネットと接続するために、インターネットゲートウエイを作成しています。そこで、「10.0.0.0/16以外の宛先のパケット」をインターネットゲートウエイに転送するよう、ルートテーブルを変更すれば、インターネットと通信できるようになります。

具体的には、「0.0.0.0/0の範囲の宛先のパケットは、インターネットゲートウエイに転送する」という設定をルートテーブルに追加します。

「0.0.0.0/0」は、すべてのIPアドレス範囲を示しています。つまり、「0.0.0.0/0に対するターゲットの設定」は、「転送先が明示されていないときの、デフォルトの転送先」を示します。このデフォルトの転送先を「デフォルトゲートウエイ（default gateway）」と呼びます。

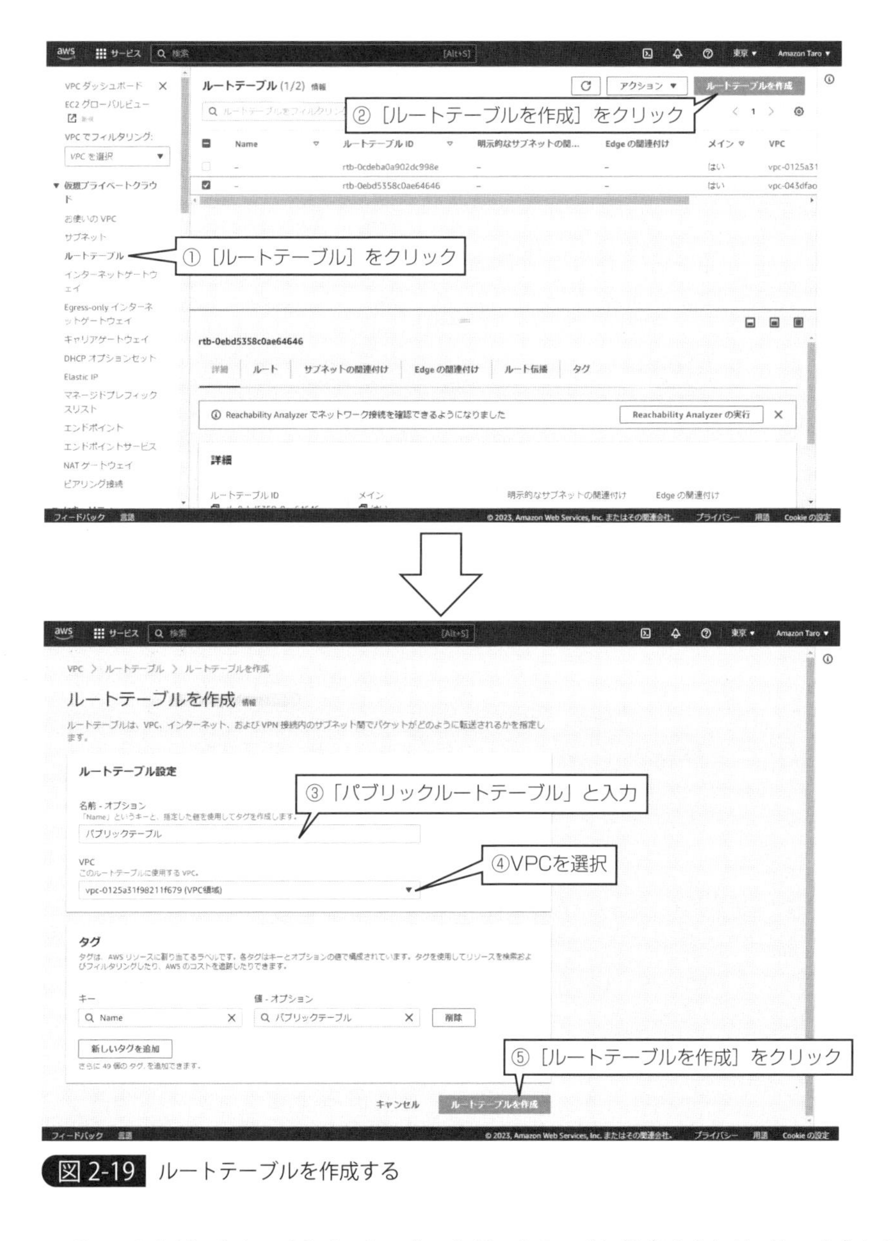

図 2-19　ルートテーブルを作成する

デフォルトゲートウエイをインターネットゲートウエイに設定するには、次のようにします。

【手順】パブリックサブネットをインターネットに接続する

[1] 新しいルートテーブルを作成する

現在、パブリックサブネットには、デフォルトのルートテーブルが設定されているため、新しくルートテーブルを作成して、そのルートテーブルをパブリックサブネットに適用します。

そのために、[ルートテーブル] メニューにある [ルートテーブルを作成] ボタンをクリックします。

[ルートテーブルを作成] 画面が表示されたら、[名前 - オプション] の部分に、ルートテーブルの名前を入力しましょう。ここでは、「パブリックルートテーブル」と名付けます。

そして [VPC] の部分に、作成した「VPC」を選択して、[ルートテーブルを作成] をクリックしてください (**図 2-19**)。

Memo すでに設定されている図 2-18 に対してルートテーブルの変更をせず、この手順のように新しいルートテーブルを作成するようにしてください。図 2-18 で表示されているルートテーブルは、「VPC 領域」の VPC 全体に設定されているデフォルトのルートテーブルです。変更すると、このデフォルト設定を利用している、他のサブネットにも影響を与えてしまいます。あるサブネットに対してだけ、ルートテーブルを変更したいときは、必ず、新しいルートテーブルを作成してサブネットに割り当て、その新しいルートテーブルを編集するようにします。

[2]　ルートテーブルをサブネットに割り当てる

[1] で作成したルートテーブルを、パブリックサブネットに割り当てます。

まずは、作成したルートテーブルをクリックして選択します。すでにいくつかのルートテーブルがありますが、「パブリックルートテーブル」と名付けた [1] で作成したルートテーブルを選択してください。

選択したら、下の [サブネットの関連付け] タブをクリックして、[サブネットの関連付けを編集] ボタンをクリックしてください (**図 2-20 上**)。するとサブネット一覧が表示されるので、割り当てたいサブネットである [パブリックサブネット] にチェックを付けて、[関連付けを保存] をクリックしてください (**図 2-20 下**)。

[3] デフォルトゲートウエイをインターネットゲートウエイに設定する

[ルート] タブをクリックします。すでに、デフォルトの「10.0.0.0/16」の設定があるはずです。

デフォルトゲートウエイをインターネットゲートウエイに設定するため、[ルートの編集] ボタンをクリックします (**図 2-21 上**)。次に [ルートの追加] ボタンを順にクリックして送信先に「0.0.0.0/0」、ターゲットには作成しておいたインターネットゲートウエイを選択し [変更を保存] をクリックしてください。

インターネットゲートウエイの名称は、「igw-XXXXXX (XXXXXX はランダムな値)」

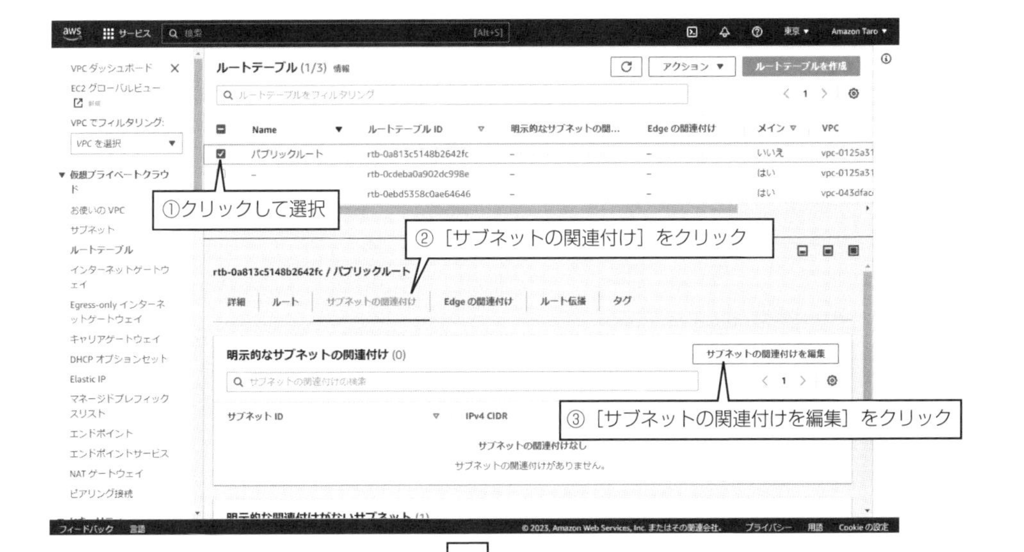

図 2-20　ルートテーブルをサブネットに割り当てる

です（図 2-21 下）。

以上で設定は完了です。正しく設定できたかどうかを確認するため、［サブネット］メニューから、パブリックサブネットを開き、［ルートテーブル］タブに正しいルートテーブルが表示されているかどうかを確認してください（図 2-22）。

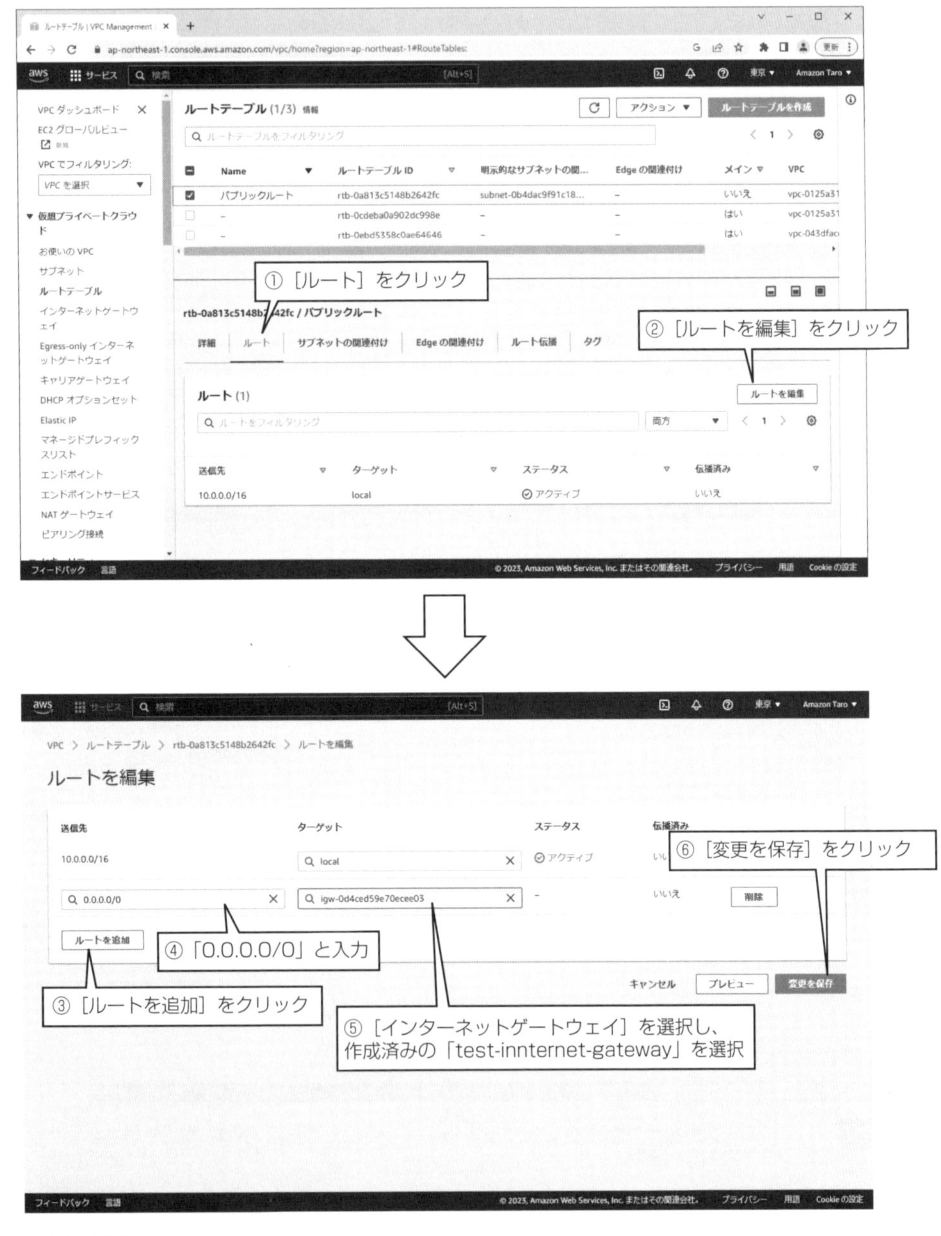

図 2-21　デフォルトゲートウエイをインターネットゲートウエイとして設定する

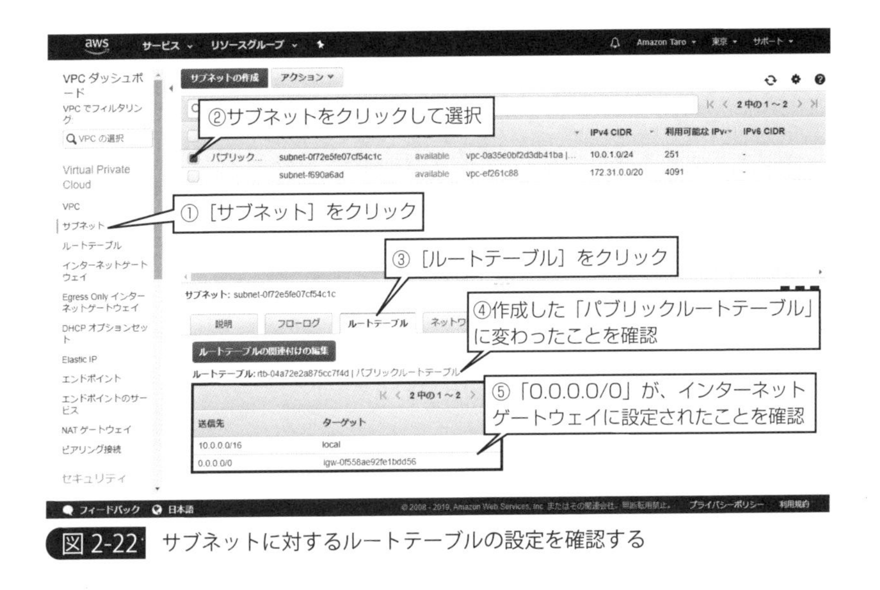

図 2-22　サブネットに対するルートテーブルの設定を確認する

2-5 まとめ

この章では、ネットワーク実験用のプライベートネットワーク空間であるVPCを作成しました。

ここまで作ってきたネットワーク構成は、図2-23のようになっています。

まず、「VPC領域」と名付けたVPCと、そこに関連付けられたインターネットゲートウエイがあります。

VPCのなかには「パブリックサブネット」というサブネットが1つあり、「パブリックルートテーブル」というルートテーブルが関連付けられています。

ルートテーブルには、「同VPC内の通信は、内部でルーティング」「それ以外の通信は、インターネットゲートウエイに転送する」という設定がなされています。

次の章では、このパブリックサブネットの中に、1台の仮想サーバーを構築します。

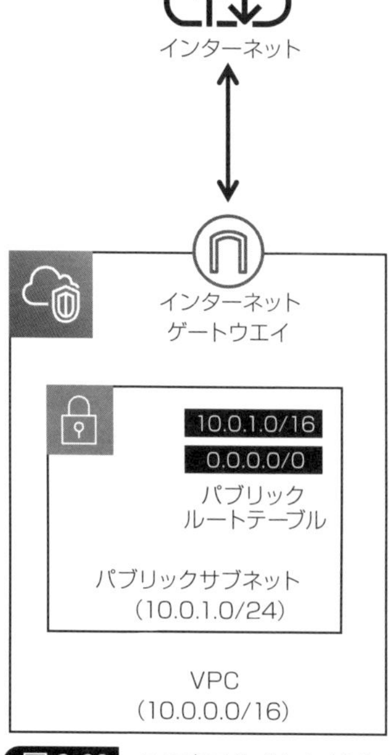

10.0.1.0/16
0.0.0.0/0
パブリックルートテーブルの中身

ディスティネーション（宛先）	ターゲット
10.0.0.0/16	local
0.0.0.0/0	インターネットゲートウエイ

図2-23　この章で作成したVPCの状態

CHAPTER3
サーバーを構築する

前章までの作業で、ネットワークの構築が終わりました。物理的な世界で言えば、インターネット接続の契約が済み、ハブやルーターといった機器の配線や設定が終わった状態です。この章では、このネットワーク上に仮想サーバーを作成します。

3-1 仮想サーバーを構築する

図 3-1 に示すように、前章で作成したパブリックサブネットのなかに、仮想サーバーを構築します。

仮想サーバーは、Amazon EC2 を用いて作成します。Amazon EC2 で作成した仮想サーバーのことを、「インスタンス」と呼びます。

なお、このインスタンスには、次章で「Web サーバーソフト」をインストールし、Web サーバーとして機能させる予定です。

インスタンスには、パブリックサブネット内で利用可能な「プライベート IP アドレス」を割り当てます。前章で、パブリックサブネットは「10.0.1.0/24」の CIDR ブロックにしたので、「10.0.1.0 ～ 10.0.1.255」のいずれかの値を割り当てることになります。

しかしプライベート IP アドレスは、インターネットとの接続には利用できません。

そこでインスタンスを起動するときには、「プライベート IP アドレス」とは別に、もうひとつ「パブリック IP アドレス」を設定するようにします（このパブリック IP アドレスは、AWS に割り当てられている IP アドレスブロックのうち、適当なものが使われます）。

つまり、作成したインスタンスは、「VPC 内で通信するためのプライベート IP アドレス」と「インターネットで通信するためのパブリック IP アドレス」の 2 つで通信します。

■インスタンスを作成する

では、インスタンスを作成しましょう。インスタンスは、AWS マネジメントコンソールの［EC2］メニューから操作します。

まずは、［ホーム］から［EC2］をクリックして、EC2 メニューを開いてください（**図 3-2**）。

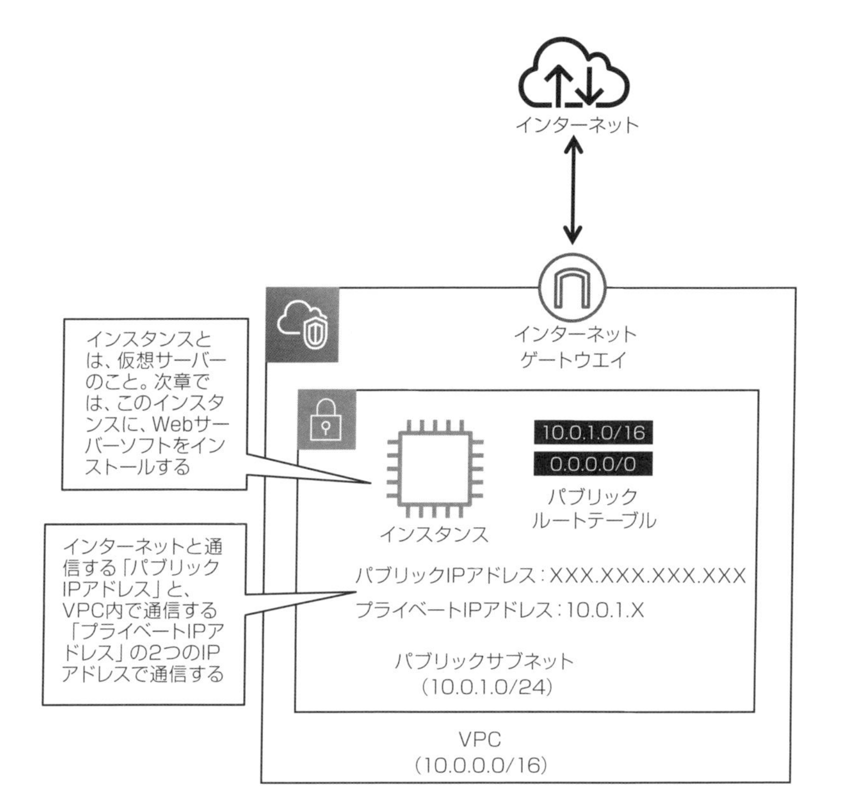

図 3-1　この章で作成する仮想サーバー

インスタンスは、次の手順で作成します。

【手順】インスタンスを作成する

［1］リージョンの確認

すでにCHAPTER2でVPCを作成したときに、リージョンを「東京」にしたはずですが、念のため右上のリージョンが［東京］になっているかどうかを確認してください。もしなっていなければ、［アジアパシフィック（東京）］を選択してください（**図 3-3**）。

［2］インスタンスの作成を始める

［インスタンス］メニューを開いてください。［インスタンスを起動］ボタンをクリック

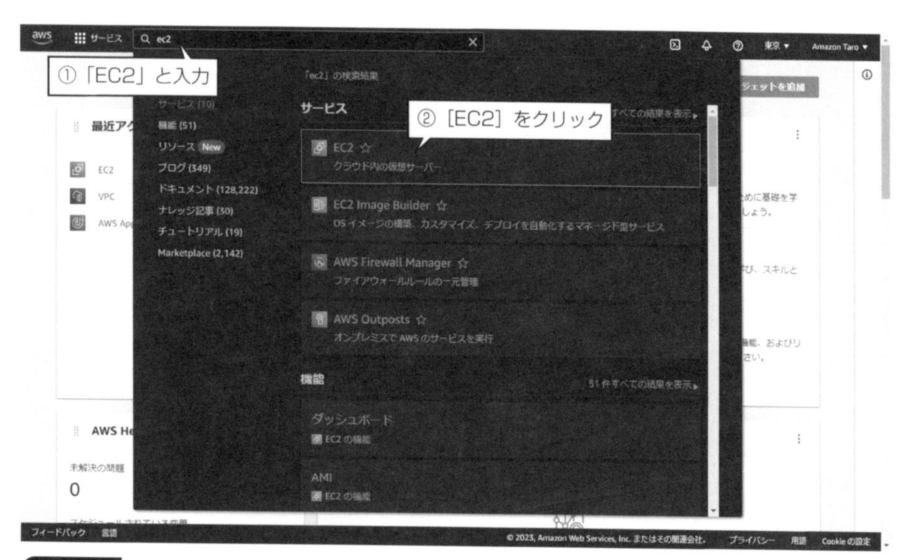

図 3-2 ［EC2］メニューを開く

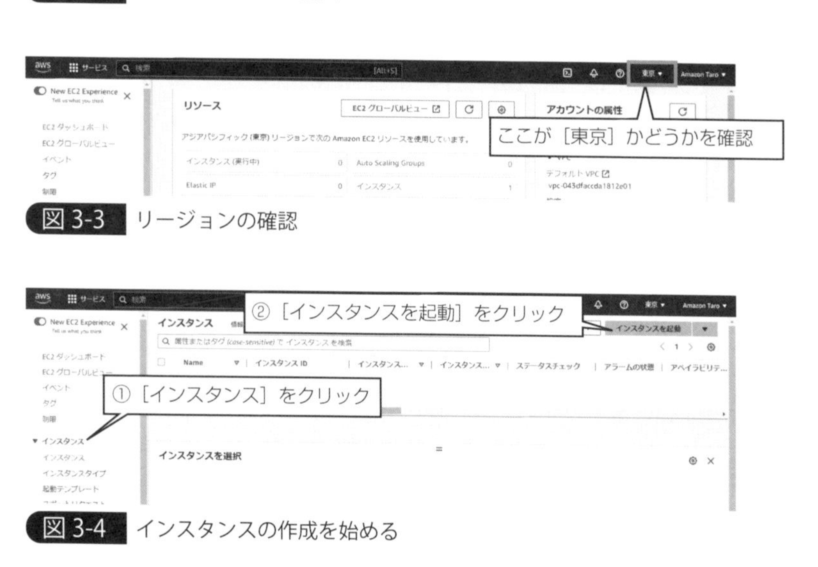

図 3-3 リージョンの確認

図 3-4 インスタンスの作成を始める

して、インスタンスの作成を始めます（図 3-4）。

［3］インスタンスに名前を付ける

インスタンスに名前を付けます。このインスタンスは、次章で Web サーバーとして仕立てていくので、「WEB サーバー」と入力してください（図 3-5）。

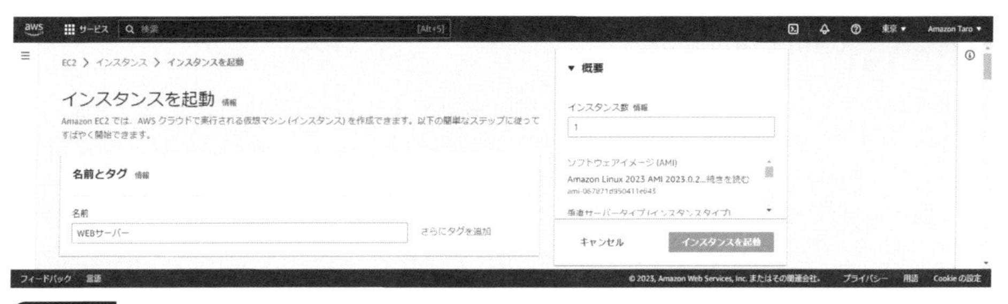

図 3-5　名前を付ける

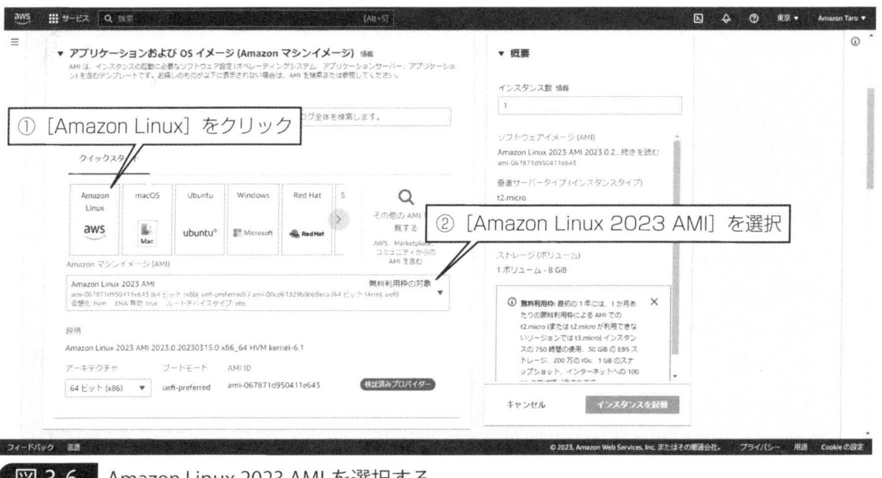

図 3-6　Amazon Linux 2023 AMI を選択する

[4] AMI を選択する

インスタンスを起動する際に用いるイメージファイル（AMI：Amazon Machine Image）を選択します。

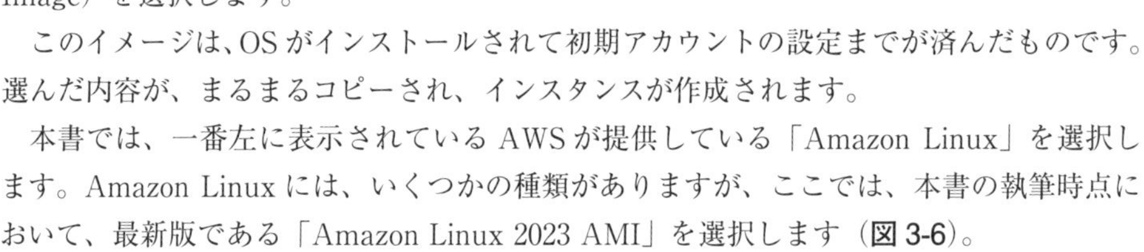

このイメージは、OS がインストールされて初期アカウントの設定までが済んだものです。選んだ内容が、まるまるコピーされ、インスタンスが作成されます。

本書では、一番左に表示されている AWS が提供している「Amazon Linux」を選択します。Amazon Linux には、いくつかの種類がありますが、ここでは、本書の執筆時点において、最新版である「Amazon Linux 2023 AMI」を選択します（**図 3-6**）。

[5] インスタンスタイプを選択する

次にインスタンスタイプを選択します。インスタンスタイプとは、仮想マシンのスペックのことです。ここでは、AWS のサインアップ日から 12 カ月間、1 カ月当たり 1 台を無料

Column　Amazon Linux

Amazon Linuxは、AWS社が提供しているLinuxディストリビューションです。Red Hat Enterprise Linux（RHEL）をベースとした「Amazon Linux 2」と、Fedoraをベースとした「Amazon Linux 2023」があります。

後者は、2023年3月に登場した、新しいAmazon Linuxです。今後、2年ごとのメジャーバージョンアップが予定されており、各メジャーバージョンは5年間の長期サポートが付いています。

「Amazon Linux 2」と「Amazon Linux 2023以降」では、ベースとなるディストリビューションがRHELとFedoraとで異なるため、各種設定の方法、コマンドなど、細かい部分が異なります。

本書は、新しい「Amazon Linux 2023」をベースとしています。Amazon Linux 2を利用する場合は、本書と一部、コマンドが異なるので注意してください。

利用枠の範囲内で使える「t2.micro」という種類を選択してください（**図3-7**）。

［6］キーペアを作成してダウンロードする

キーペアを作成します（**図3-8**）。キーペアは、インスタンスにログインする際に必要となる「鍵」です。これがないと、インスタンスにログインできないので、必ず取得しなければなりません。

新しい鍵を作成するため、［新しいキーペアの作成］をクリックします（図3-8）。

［キーペアを作成］の画面が表示されたら、［キーペア名］に、任意の名前を入力します。ここでは「my-key」とします。［キーペアのタイプ］と［プライベートキーファイル形式］は、どちらもデフォルトのまま、具体的には、それぞれ［RSA］と［.pem］を選択し、［キーペアを作成］をクリックします（**図3-9**）。

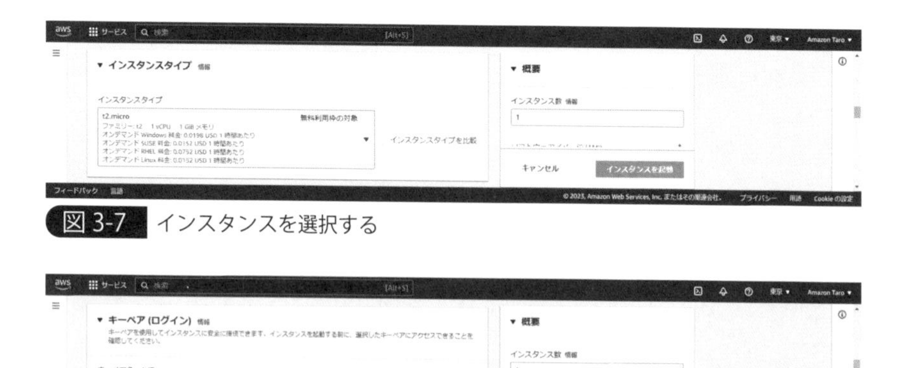

図3-7　インスタンスを選択する

図3-8　新しいキーペアを作成する

図 3-9　キーペアを作成してダウンロード

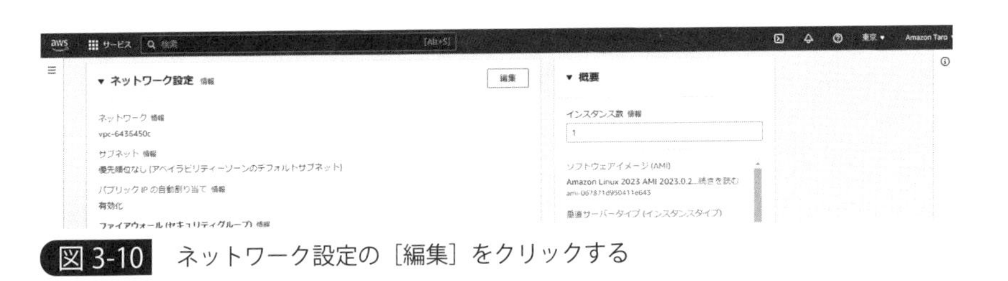

図 3-10　ネットワーク設定の［編集］をクリックする

すると、キーペアが作られ、入力したキーペア名とキーファイル形式に基づくファイル名（ここでは「my-key.pem」）で、キーファイルをダウンロードできます。このファイルは、あとでインスタンスにログインするときに必要となります。紛失しないように、また、第三者に漏洩しないように管理してください。

ダウンロードすると、図 3-8 の画面に戻るので、［キーペア名］として、いま作成したキーペア名（ここでは「my-key」）を選択します。

Memo 2 台目以降のインスタンスを作るときは、その都度、キーペアを作成するのではなく、既存のキーペアを使うこともできます。既存のキーペアを使いたいときは、ドロップダウンリストから、そのキーペアを選択します。

［7］ネットワーク設定①（VPC とサブネット）

インスタンスを設置するネットワークを選択します。まずは［編集］をクリックして、詳細な設定ができるようにします（**図 3-10**）。

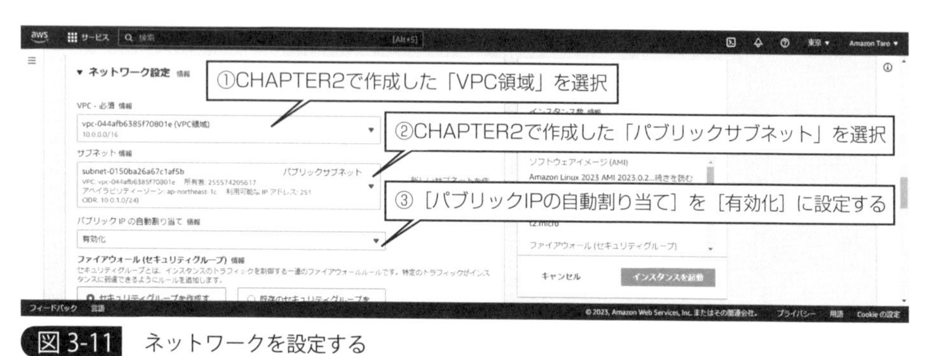

図 3-11　ネットワークを設定する

編集できるようになったら、次の項目を設定します（**図 3-11**）。

(a) VPC とサブネット

配置する VPC とサブネットを選択します。［VPC］には、CHAPTER2 で作成した「VPC 領域」を選択してください。すると［サブネット］として、その VPC に存在するサブネットを選べるようになるので、「パブリックサブネット」を選択します。

(b) パブリック IP アドレス

インターネットから、このインスタンスにアクセスできるようにするため、パブリック IP アドレスを付与します。そのためには、［パブリック IP の自動割り当て］を［有効化］に設定します。

Memo ここで割り当てられるパブリック IP アドレスは、起動のたびにランダムなものが設定される動的 IP です。Elastic IP という機能を使うと、IP アドレスを固定化できます（コラム「パブリック IP アドレスを固定化する」を参照）。

［8］ネットワーク設定②（セキュリティグループ）

続いて、同じく［ネットワーク設定］のなかにある、セキュリティグループを設定します。

セキュリティグループとは、インスタンスにセキュリティを設定する機能です。詳細は、「3-4　ファイアウォールで接続制限する」で説明します。

ここでは、［セキュリティグループを作成する］を選択して、新しいセキュリティグループを作成します（**図 3-12**）。［セキュリティグループ名］は、セキュリティグループに付ける名前です。任意の名称でよいですが、ここでは「WEB-SG」という名前にします。［説明］には、何かセキュリティグループに関する説明文を入力しますが、ここではデフォルトのままにしておきます。

図 3-12　セキュリティグループの設定

どのような通信を通すかは、［インバウンドセキュリティグループのルール］で設定します。デフォルトでは、［タイプ］に［ssh］が設定された設定が1つだけ登録されていて、これは次節で説明するSSHというプロトコルを使って遠隔からのログインで必要となる設定です。この設定があることを確認したら、次の設定項目に進みます。

Memo 次節では、このEC2インスタンスにApacheをインストールして、Webサーバーにします。Webサーバーでは、TCPのポート80番や443番を通過するように、セキュリティグループを設定しなれければなりません。本書では、その設定は、改めて「3-4　ファイアウォールで接続制限する」で設定しますが、この段階で、図3-12の［セキュリティグループルールを追加］ボタンをクリックして、どのような通信を許可するかを、この場で設定することもできます。

［9］プライベートIPアドレスの手動設定

インスタンスに割り当て可能なIPアドレスは、サブネットに割り当てたIPアドレスの範囲内のうちのいずれかです。「パブリックサブネット」には、CHAPTER2で「10.0.1.0/24」と定義しているので、この範囲は「10.0.1.0 ～ 10.0.1.255」です。デフォルトでは、この範囲のうちのいずれかが、インスタンスの初回起動時に定まり、以降、変更されることはありません。

デフォルトの「IPアドレスの範囲のうちのいずれか」という挙動だと、環境によって異

SSHの接続元の設定

デフォルトのセキュリティグループの構成では、SSHというプロトコルで、どこからでも接続できるように構成されています。

SSHは、すぐあとに説明するように、サーバーにリモートでログインして、各種操作をするときに用いるものです。ただし、どこからでもSSHが利用できると、悪意ある第三者がサーバーに不正に侵入を試みようとする恐れがあります。

そのためAWSでは、このような設定を推奨しておらず、図3-12に示したように、画面には警告が表示されます。

より安全に使うには、［ソース］の部分を「任意の場所」ではなく、インスタンスを管理するパソコンのIPアドレスだけに制限するようにします。

もうひとつの方法として、［自分のIP］を選択することもできます。［自分のIP］を選ぶと、いま、AWSマネジメントコンソールで操作しているパソコンのパブリックIPアドレスが設定されます。つまり、そのパソコンからしか接続できなくなります。

［自分のIP］を選択するときは、自分のパソコンのIPアドレスは、もしかすると変わるかも知れないという点に注意してください。

日本国内の多くのプロバイダーは、接続のたびにIPアドレスが変わる可能性がある「動的IPアドレス」を採用しています。そのため、［自分のIP］を選んだときには、プロバイダーに再接続したときにIPアドレスが変わり、接続できなくなってしまう可能性があります（もし接続できなくなったときは、AWSマネジメントコンソールで、セキュリティグループの設定を開き、SSHの送信先で設定されているIPアドレスを変更すれば、接続できるようになります）。

なって扱いにくいため、本書では、このIPアドレスを手動で設定します。

［高度なネットワーク設定］をクリックして開くと、手動で設定できます。ここでは、［プ

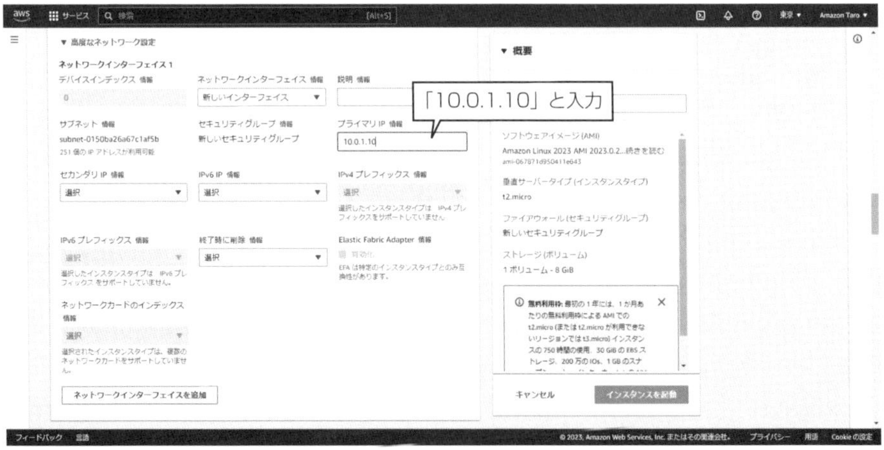

図3-13　アドレスを手動で設定する

ライマリ IP］に「10.0.1.10」と入力して、この IP アドレスを手動で割り当てることにします（**図 3-13**）。

Memo CIDR ブロックの「先頭」と「末尾」は、サーバーなどのホストに設定することはできません。これは TCP/IP の共通の制限です。「先頭の IP（この例では 10.0.1.0）」は、「ネットワークアドレス」と呼ばれ、ネットワーク全体を示します。「末尾の IP（この例では 10.0.1.255）」は、「ブロードキャストアドレス」と呼ばれ、すべてのホストを示します（ブロードキャストアドレスを宛先としてデータを送信すると、ネットワーク上のすべてのホストが応答を返してきますが、AWS ではその機能はサポートされていません）。VPC の場合は、これらに加えて、先頭 3 つ（この例では「10.0.1.1」「10.0.1.2」「10.0.1.3」）も、特殊な用途のために予約されていて、これらの範囲も使えません。

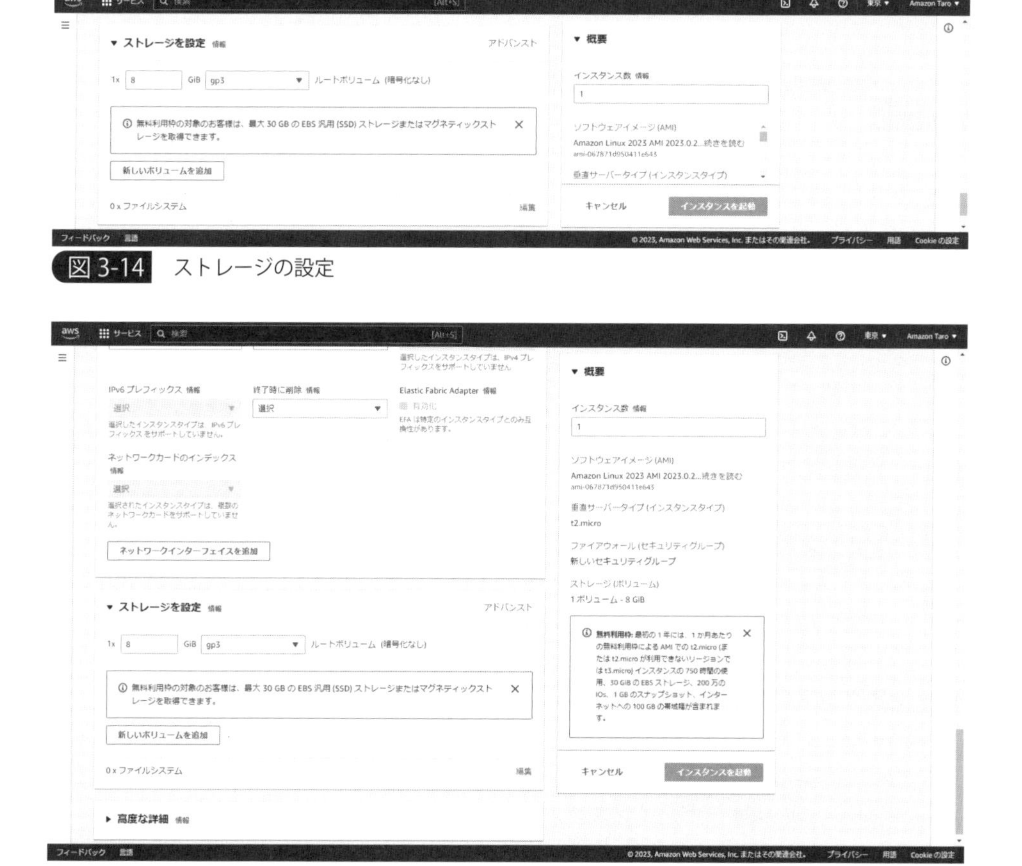

図 3-14 ストレージの設定

図 3-15 インスタンスを起動する

図 3-16　インスタンス起動中のメッセージ

［10］ストレージを設定する

インスタンスで利用する仮想ディスク（EBS：Elastic Block Store）を設定します。本書の目的では、ディスクの設定をカスタマイズする必要はないので、デフォルト値のままとします（図 3-14）。

［11］インスタンスを起動する

以上で設定完了です。右側の概要欄に、構成が表示されます。内容を確認して問題なければ、［インスタンスを起動］をクリックします（図 3-15）。

［12］インスタンスの起動

インスタンスを作成中の旨のメッセージが表示されます。［すべてのインスタンスの表示］をクリックすると、インスタンス一覧画面に遷移します（図 3-16）

■インスタンスの確認

図 3-16 で［インスタンスの表示］をクリックする、もしくは、EC2 のメイン画面から［インスタンス］メニューをクリックすると、インスタンスの状態を確認できます。

［インスタンスの状態］が、インスタンスの状態を示しています。起動中の場合は、「保留中」となります（図 3-17）。

［ステータスチェック］は、起動したインスタンスおよび OS に対するネットワーク疎通

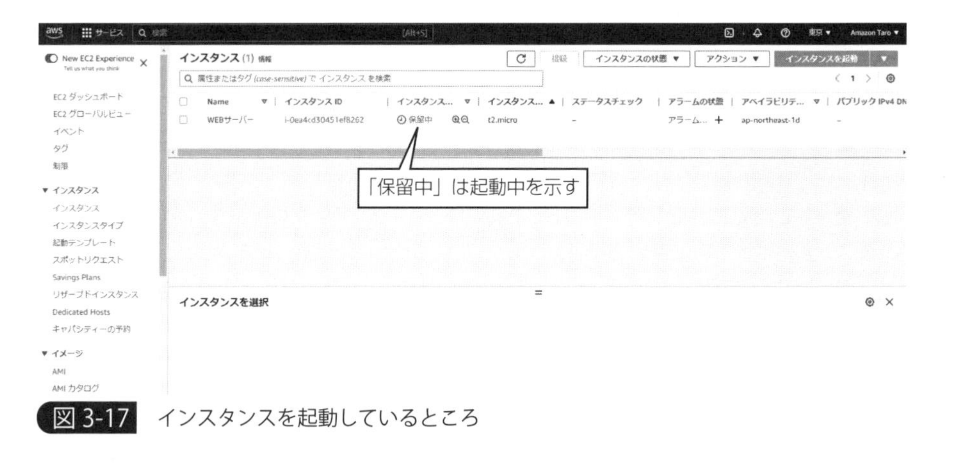

図 3-17　インスタンスを起動しているところ

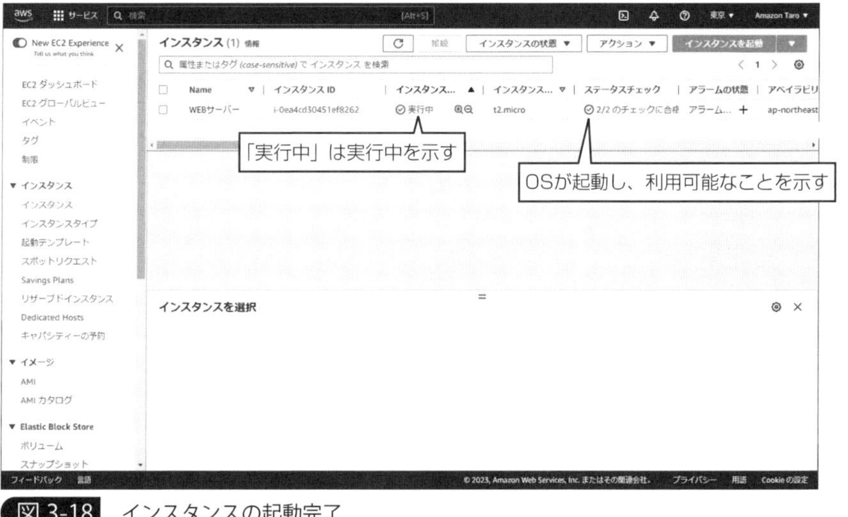

図 3-18　インスタンスの起動完了

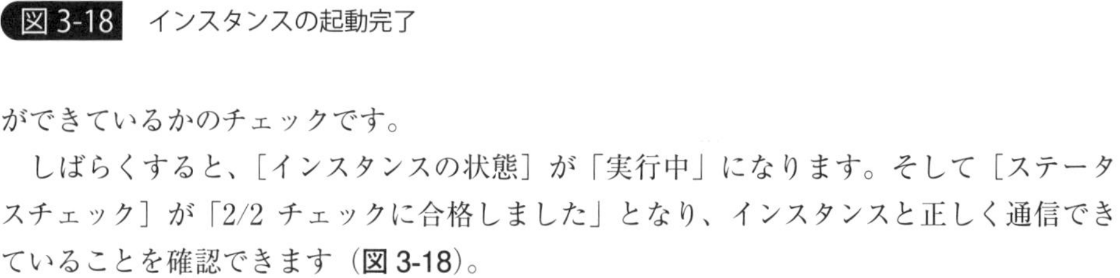

ができているかのチェックです。

しばらくすると、[インスタンスの状態] が「実行中」になります。そして [ステータスチェック] が「2/2 チェックに合格しました」となり、インスタンスと正しく通信できていることを確認できます（**図 3-18**）。

Column インスタンスの停止と再開、破棄

インスタンスを利用していないときは、停止すると課金対象から外れ、コストを下げることができます。ただし、インスタンスが用いているストレージであるAmazon Elastic Block Store（EBS）は、インスタンスが停止していたとしても、容量を確保してある間は課金の対象です（本書の手順では、Amazon Linux 2023のデフォルトである8GバイトのEBSを確保しています）。

インスタンスを停止するには、右クリックして［インスタンスを停止］をクリックします（**図3-A**）。［インスタンスを開始］をクリックすれば再開できます。ただしこのとき、パブリックIPアドレスが変わります。インスタンスを完全に破棄するには、［インスタンスを終了］をクリックします。するとデフォルトでは、EBSも開放され、一切課金されなくなります。

なお、一度削除したインスタンスを復活する方法はないので、操作には十分注意してください。

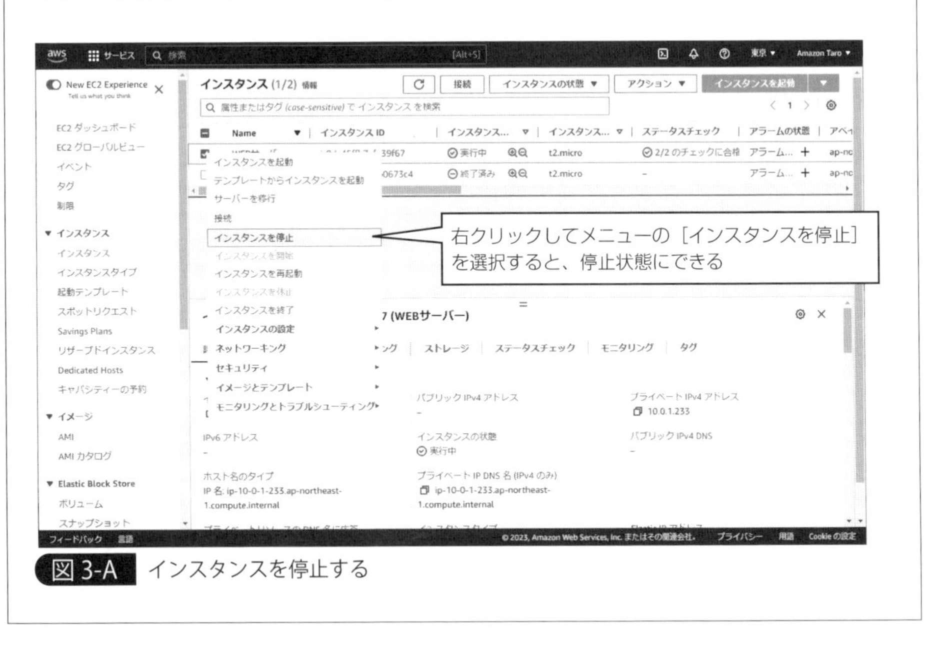

図3-A　インスタンスを停止する

3-2 SSHで接続する

それでは起動したインスタンスに、インターネットからログインして操作してみましょう。操作には、SSH（Secure SHell）というプロトコルを使います。

■パブリックIPアドレスを確認する

インスタンスに、インターネット側からアクセスするには、「パブリックIPアドレス」を用います。パブリックIPアドレスは、「パブリックIPv4アドレス」の部分で確認できます（**図3-19**）。

図3-19の場合、パブリックIPアドレスは、「43.207.94.243」です。

■SSHで接続する

パブリックIPアドレスがわかったら、このIPアドレスにSSHで接続します。SSH接続には、SSHクライアントソフトが必要です。Windowsでは、「Tera Term（https://ja.osdn.net/projects/ttssh2/）」や「PuTTY（https://www.chiark.greenend.org.uk/~sgtatham/putty/）」、「Rlogin（https://kmiya-culti.github.io/RLogin/）」などのソフトを使います。Macの場合は、標準のターミナルからSSHクライアントを起動できます。本書では、Windowsの場合は「RLogin」を、Macの場合は標準のターミナルを利用します。

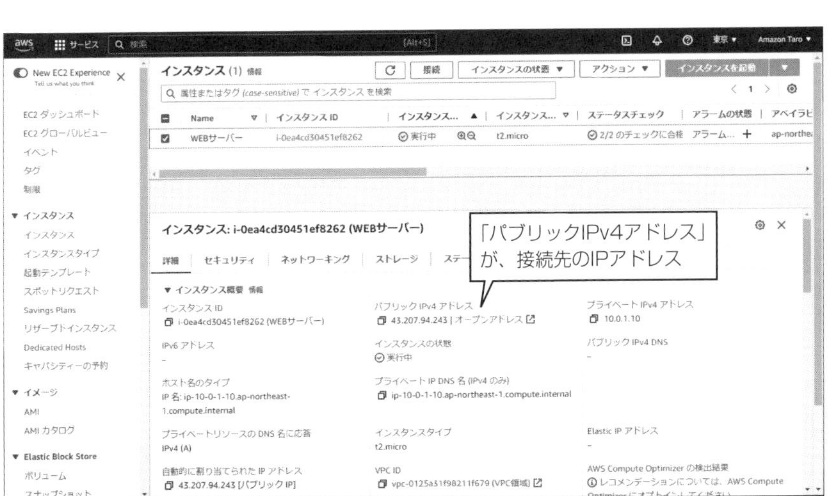

図3-19　パブリックIPアドレスを確認する

●Windows で Rlogin を使って接続する

Rlogin で接続するには、次のようにします。

Memo 手順［1］と［2］は、初回のみ必要です。同じ EC2 インスタンスに対する 2 回目以降の接続では、必要ありません。

【手順】Rlogin でインスタンスに接続する

［1］サーバー情報を新規登録する

Rlogin を起動します。「Server Select」のウィンドウが表示されたら、［新規］をクリックします（**図 3-20**）。

［2］接続先ホストを入力する

接続先の情報を入力します。

［エントリー（上）］は、Rlogin に登録するときの名前です。任意の名前ですが、ここでは「テストの WEB サーバー」としておきます。

［プロトコル］はデフォルトの［ssh］のままとし、［ホスト名（サーバー IP アドレス）］の部分に、図 3-19 で確認した「パブリック IP」を入力します。

そして［ログインユーザー名］の部分に、ログインユーザーの名前を入力します。Amazon Linux 2023 では「ec2-user」というデフォルトのユーザーがあらかじめ設定されているので、その名前を入力します（**図 3-21**）。

Memo ec2-user ユーザーは、Amazon Linux 2023 において、「sudo コマンド」で root ユーザー（管理者ユーザー）になることができるユーザーです。

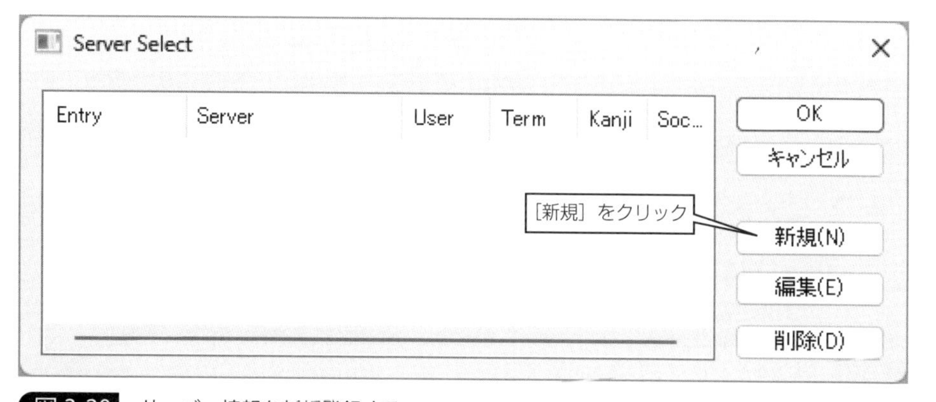

図 3-20　サーバー情報を新規登録する

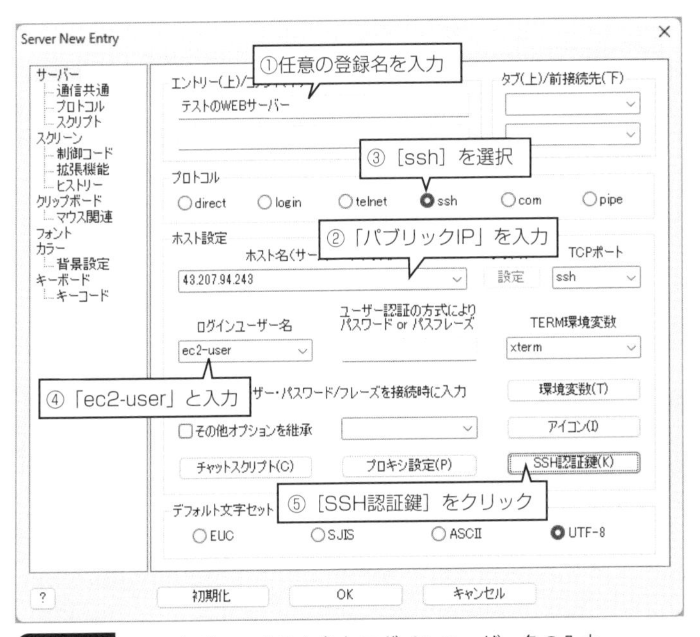

図 3-21　エントリー、ホスト名とログインユーザー名の入力

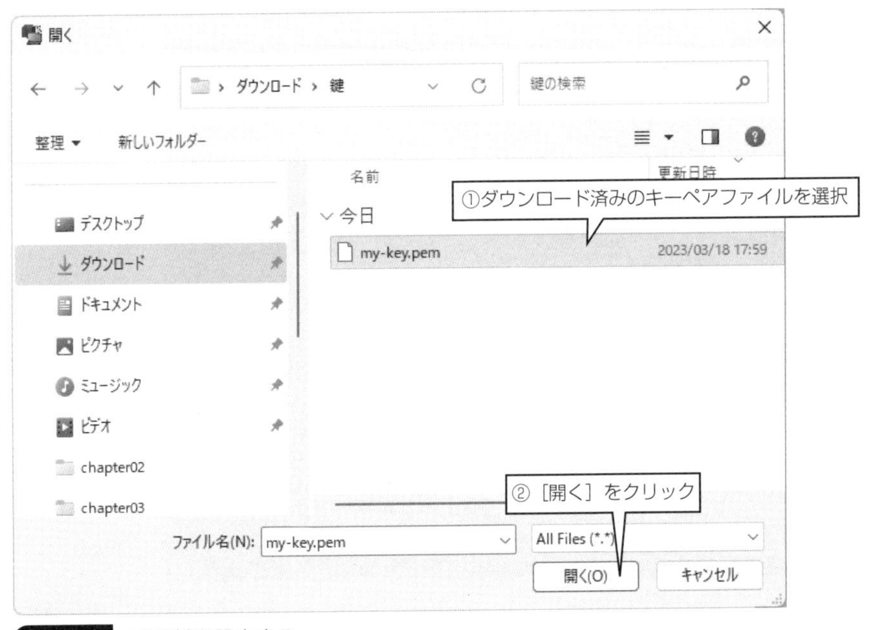

図 3-22　認証鍵を設定する

続いて［SSH 認証鍵］をクリックして、先ほどダウンロードした「キーペアファイル」(my-key.pem) を選択し、［開く］をクリックします（**図 3-22**）。設定すると図 3-21 に戻るので、［OK］をクリックします。

［3］接続する

一覧に、手順［2］で追加したホストが登録されます。いま登録した「テストの WEB サー

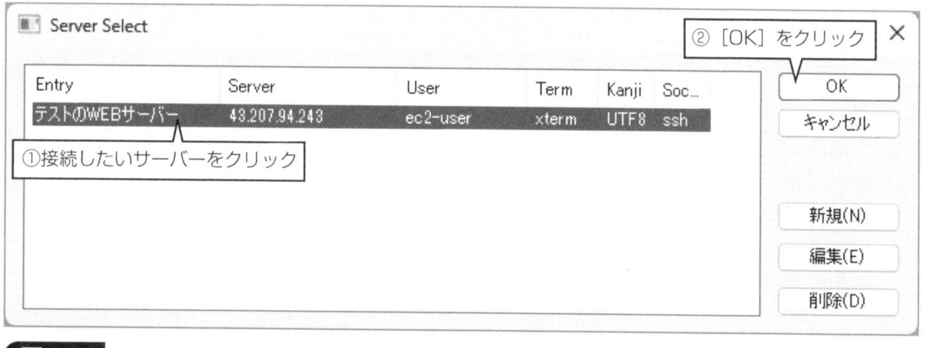

図 3-23　接続する

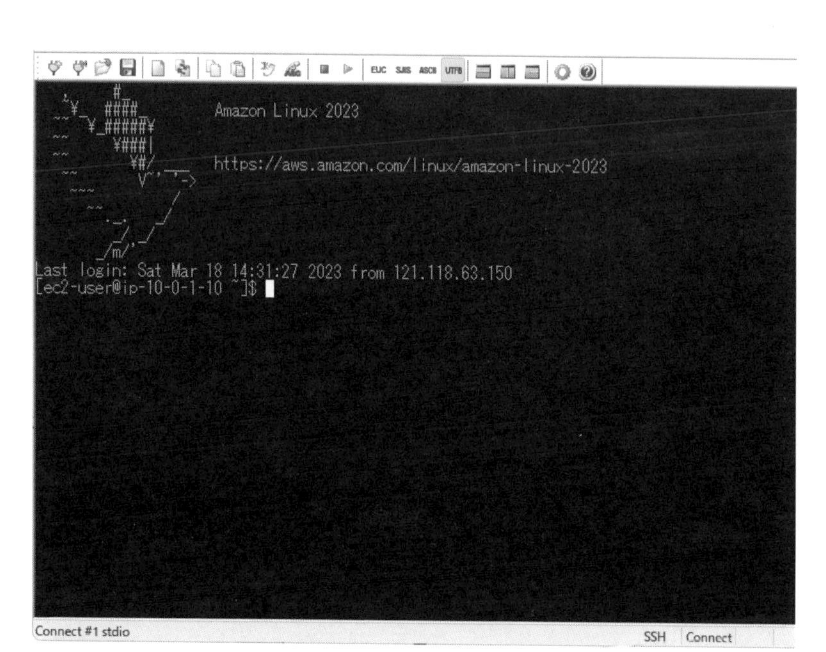

図 3-24　Rlogin での接続の完了

バー」をクリックし、[OK] をクリックします（**図3-23**）。

[4] 接続の完了

インスタンスのウェルカムメッセージが表示され、各種コマンドを入力できる状態になります（**図3-24**）。

Column　Amazon Linux 2023の認証方式

SSHで接続する際には通信が暗号化されるのですが、その方式には、いくつかの種類があります。

Amazon Linux 2023では、いままで多く使われていた「ssh-rsa（RSA/SHA1）」という方式がデフォルトで無効化され、その後継の「ssh-sha2-256（もしくは512）（RSA/SHA2）」を使うようになりました。そのため、この方式に対応していない一部のSSHソフトでは、（ユーザー名やキーペアファイルが正しくても）認証エラーが発生し、Amazon Linux 2023に接続できないことがあります。

たとえば2023年3月時点において、WindowsのTera Termは対応していません（Tera Term 5.0 beta1以降では対応しています（https://ja.osdn.net/projects/ttssh2/ticket/36109））。

この問題はAmazon Linux 2023に限った話ではなく、Linux全般で使われているサーバーのSSH対応ソフトの「OpenSSH」（後述のsshdのこと）が、バージョンアップに伴い、「ssh-rsa（RSA/SHA1）」をデフォルトで無効化にする流れによるものです。

Amazon Linux 2023に限らず、ユーザー名やキーペアファイルが正しいのにうまく接続できないときは、使っているSSHソフトのバージョンが古くないかも疑ってください。

なお、この話は、RSA鍵を使う場合の問題です。図3-9において、「EC25519」の鍵を作成した場合は、Tera Termでも問題なく利用できます。

●Macのターミナルで接続する

Macの場合は、標準のターミナルを用いて、次のように接続します。

【手順】 ターミナルでインスタンスに接続する

[1] ターミナルを起動する

[アプリケーション] の [ユーティリティ] から、ターミナルを起動してください。

[2] 接続のコマンドを入力する

ターミナルから、次のコマンドを入力します。

```
$ ssh -i my-key.pem ec2-user@43.207.94.243
```

ここで -i オプションで指定している「my-key.pem」は、ダウンロードしたキーペアファイルです。

「ec2-user@43.207.94.243」は、接続するユーザー名と IP アドレスです。「43.207.94.243」の部分は、図 3-19 で確認した、自分のインスタンスのパブリック IP に合わせてください。

Column 鍵ファイルのパーミッション

ssh コマンドで接続したときに、次のメッセージが表示されて、接続できないことがあります。

```
@@@@@@@@@@@@@@@@@@@@@@@@@@@@@@@@@@@@@@@@@@@@@@@@@@@@@@@@@@@
@         WARNING: UNPROTECTED PRIVATE KEY FILE!          @
@@@@@@@@@@@@@@@@@@@@@@@@@@@@@@@@@@@@@@@@@@@@@@@@@@@@@@@@@@@
Permissions 0644 for 'my-key.pem' are too open.
It is required that your private key files are NOT accessible by others.
This private key will be ignored.
bad permissions: ignore key: my-key.pem
Permission denied (publickey).
```

これは、鍵ファイルのパーミッションが、他のユーザーも閲覧できる状態になっているのが理由です。

次のように、chmod コマンドを実行し、自分だけしか読み込めない（400 の「4」は、読み込み属性しか付いていないことを示す）ようにしてください。

```
$ chmod 400 my-key.pem
```

[3] セキュリティ警告に答える

初回の接続に限って、

```
The authenticity of host '43.207.94.243 (43.207.94.243)' can't be established.
ECDSA key fingerprint is SHA256:tN0T5ohoc6uFv9hJ9AdAT9XVchhxarSojGY/L8412Ws.
Are you sure you want to continue connecting (yes/no)?
```

と尋ねられるので、「yes［Enter］」と入力してください。

[4] 接続の完了

インスタンスのウェルカムメッセージが表示され、各種コマンドを入力できる状態になります（**図 3-25**）。

図 3-25　ターミナルでの接続完了

Column パブリック IP アドレスを固定化する

インスタンスに割り当てられるパブリック IP アドレスは、デフォルトでは、起動／停止するたびに別の IP アドレスが振り当てられる「動的 IP アドレス」です。サーバーを運用するときは、この IP アドレスを固定化したいことがあるかも知れません。IP アドレスを固定化したいときは、Amazon EC2 の「Elastic IP」という機能を使って、次の手順で設定します。

【手順】パブリック IP アドレスを固定化する

［1］Elastic IP を確保する

［Elastic IP］メニューをクリックして開きます。［Elastic IP アドレスを割り当てる］ボタンを

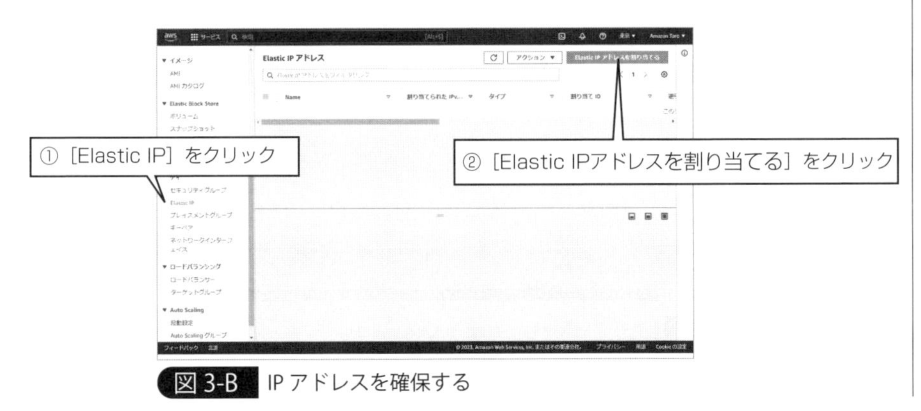

図 3-B　IP アドレスを確保する

クリックすると（**図 3-B**）、Elastic IP アドレスの割り当てのページが開くので［割り当て］をクリックして IP アドレスを確保します（**図 3-C**）。すると、確保した IP アドレスが表示されます（**図 3-D**）。

［2］インスタンスに割り当てる

［1］で確保した IP アドレスをインスタンスに割り当てます。そのためには、確保した IP アドレスをクリックして選択し、［アクション］から［Elastic IP アドレスの関連付け］をクリックします（**図**

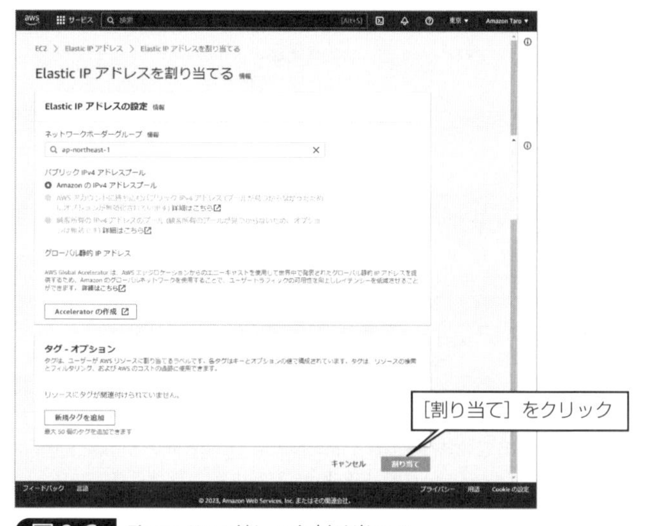

図 3-C　Elastic IP アドレスを割り当てる

図 3-D　割り当てられた IP アドレス

3-E)。すると割当先を訪ねられるので、割り当てたいインスタンスを選択します。［関連付ける］ボタンをクリックすると、［1］の IP アドレスが割り当てられます（**図 3-F**)。この IP アドレスは、インスタンスを停止して起動し直しても、変わることはありません。なお、使わなくなった Elastic IP アドレスは、［アクション］から［Elastic IP アドレスの解放］をクリックすると解放できます。

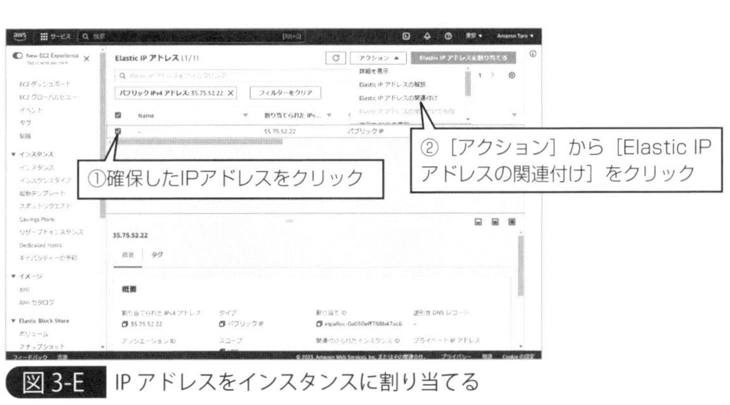

図 3-E　IP アドレスをインスタンスに割り当てる

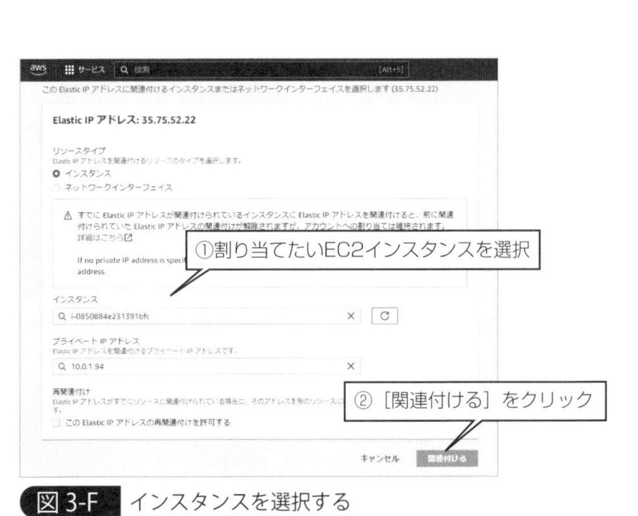

図 3-F　インスタンスを選択する

Memo　［再関連付け］は、すでに Elastic IP がインスタンスに設定されていたとき、それを置き換えるか、それともエラーにするかどうかの設定です。チェックを付けなくてかまいません。

3-3 IP アドレスとポート番号

ここまで操作してきたように、RLogin やターミナルを使って SSH 接続すると、リモートからサーバー（インスタンス）にログインして、各種コマンドを実行できます。

ではなぜ、このようなことが実現できているのでしょうか？　もう少し、深く探っていきましょう。

■パケットを相手に届けるためのルーティングプロトコル

RLogin やターミナルで SSH 接続するときには、接続先として、「相手先の IP アドレス」を入力しました。

「2-4　インターネット回線とルーティング」では、指定した IP アドレスへのデータはパケット化され、ルーターのルートテーブルを使って、バケツリレーのような形で相手先に届くと説明しました。SSH 接続の場合も例外ではなく、パケットとして相手先へと送られます。

バケツリレーを実現するには、それぞれのルーターが、相手先の IP アドレスをもつサブネットが、どこにあるのかを知っている必要があります。

たとえば、CHAPTER2 の図 2-15 で示した CIDR0、CIDR1、CIDR2、CIDR3 の 4 つのサブネットで構成されたネットワークの「ルーター 2」の部分に、新たに「CIDR4」というネットワークを追加したとしましょう（**図 3-26**）。この CIDR4 というネットワークには、「IP アドレス C」をもつサーバーが存在するとします。

新たなネットワークを追加するとき、ネットワーク管理者は、その情報をルートテーブルに追加します。つまり、ルーター 2 には、CIDR4 宛のルートテーブルを追加します。この作業によって、ルーター 2 からは、CIDR4 内にあるサーバーの IP アドレス C へと到達できるようになります。

一方、ルーター 2 の先にあるルーター 1 は、まだ、ルーター 2 の下に CIDR4 が追加されたことを知りません。

そのため、ルーター 1 に接続されているクライアントから、IP アドレス C へとパケットを送信しても、それがルーター 2 へと転送されないため、サーバーに届きません。

簡単な解決策は、ルーター 2 の管理者が、「自分の下に CIDR4 が追加された」とルーター 1 の管理者に連絡し、ルーター 1 に対して、そのルートテーブルを追加してもらうことです。

小規模なネットワークなら、このような手作業で対応できます。しかしインターネットは、無数のルーターで接続されており、かつ、そのネットワークは刻一刻と変更されているため、とても手動では対応が追いつきません。

そこでインターネットでは、ルーター同士が通信してルートテーブルの情報をやりとりし、必要に応じて自動的に更新するようにしています。

これはルーティングプロトコルと呼ばれる仕組みで実現されており、大きく分けて「EGP」と「IGP」という2つの仕組みで成り立っています（**図3-27**）。

① EGP（Exterior Gateway Protocol）

ISP（インターネットサービスプロバイダー）やAWSなどの「ある程度大きなネットワーク」は、そのネットワークを管理する「AS番号（Autonomous System）」という番号をもっています。

EGPでは、このAS番号をやりとりして、「どのネットワークの先に、どのネットワークが接続されているのか」を、大まかにやりとりします。

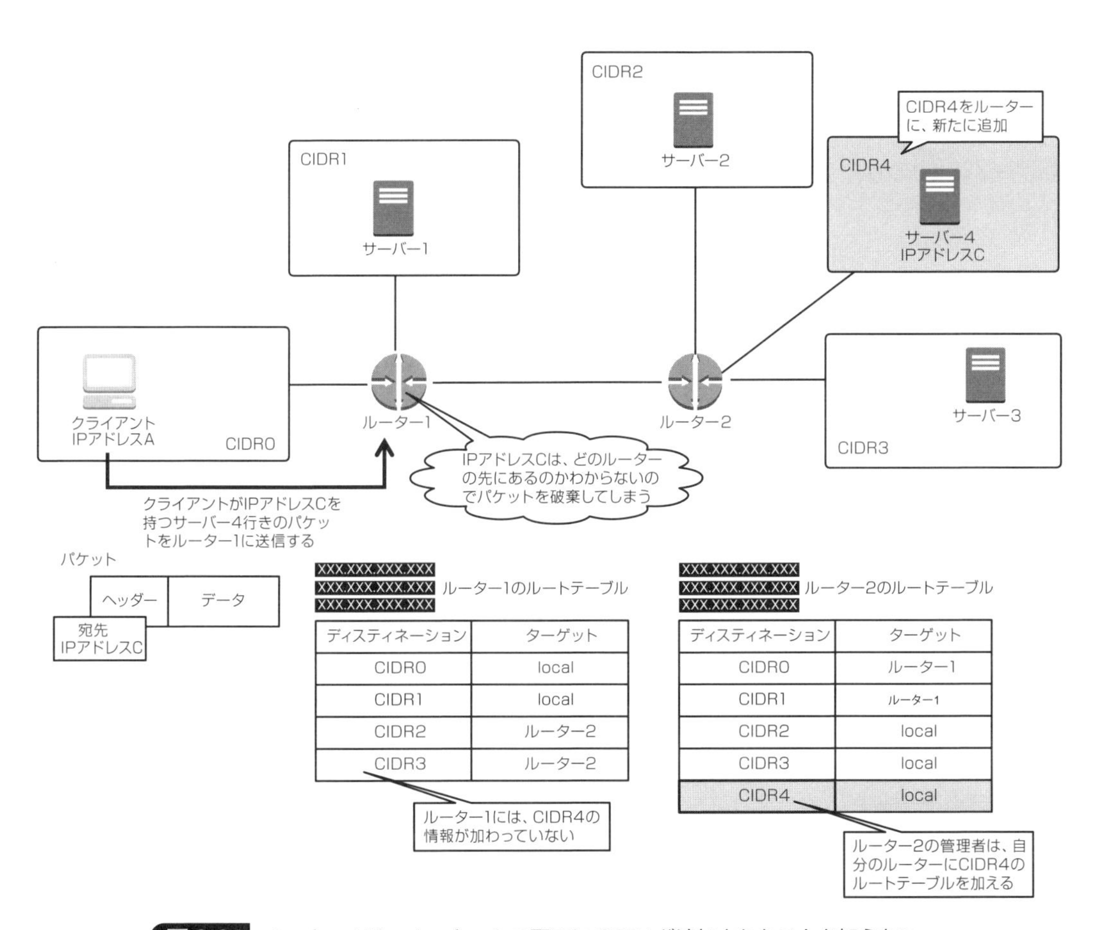

ルーター1のルートテーブル

ディスティネーション	ターゲット
CIDR0	local
CIDR1	local
CIDR2	ルーター2
CIDR3	ルーター2

ルーター2のルートテーブル

ディスティネーション	ターゲット
CIDR0	ルーター1
CIDR1	ルーター1
CIDR2	local
CIDR3	local
CIDR4	local

図3-26　ルーター1は、ルーター2の配下にCIDR4が追加されたことを知らない

② IGP（Interior Gateway Protocol）

上記の①の内部のルーター同士で、ルートテーブルの情報をやりとりします。つまり、プロバイダーやAWSの内部での、詳細なやりとりに使われます。

実際には、EGPでは、「BGP（Border Gateway Protocol（BGP-4））」などが使われます。IGPも、「OSPF（Open Shortest Path First）」や「RIP（Routing Information Protocol）」などがあり、ネットワークの規模や利用しているネットワーク機器、必要とするセキュリティ要件などによって、使い分けられています。

郵便にたとえると、「日本」や「東京都」と言った大まかな情報をEGPで情報交換し、それ以降は各地域の郵便局がIGPで情報交換する、という階層化された仕組みだと言えます。

こういった仕組みで、インターネット上のルーティング情報は、末端まで更新されています。ですから、相手のIPアドレスさえわかれば、パケットを届けることができます。

■サーバー側のサービスとポート番号の関係

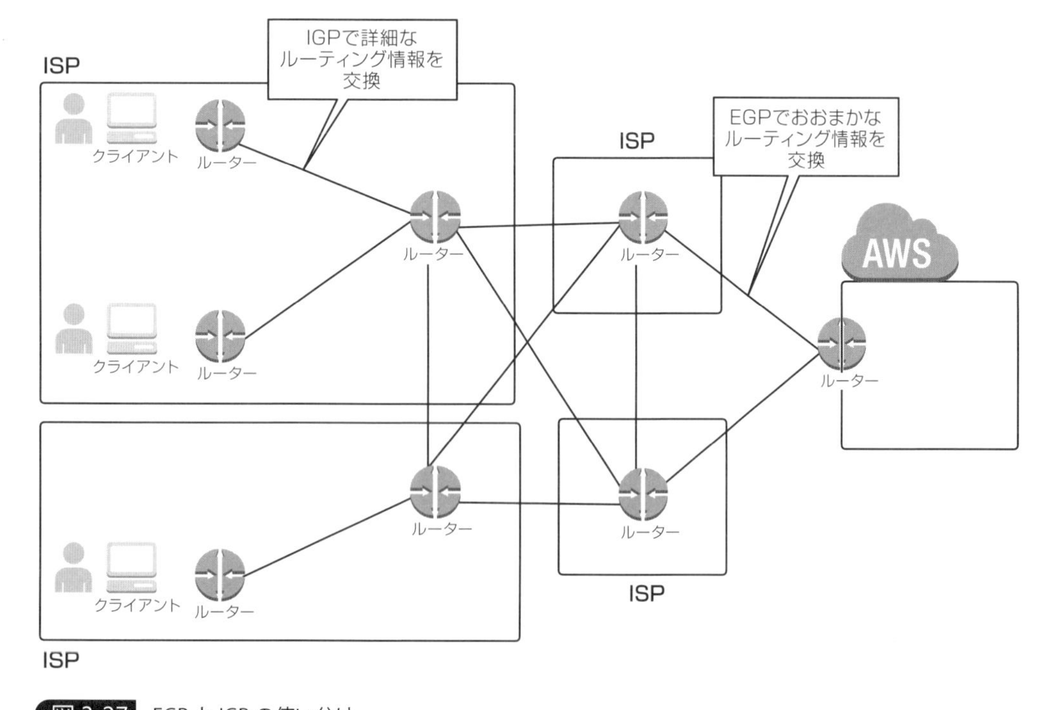

図3-27　EGPとIGPの使い分け

では、RLogin やターミナルを使って SSH で接続すると、サーバーが応答してユーザー認証され、正しいユーザーであれば、ログインしてコマンドを入力してサーバーを操作できるようになるのは、なぜでしょうか？

その答えは、サーバー上で、ユーザーからのコマンドを受け付けるためのソフトが動いているからです。

具体的なプログラム名で言うと、「sshd」というプログラムが、それに相当します。

Memo sshd は、SSH 接続を受け入れるプログラムです。Amazon Linux では、サーバーが起動する際に、自動的に sshd も起動するように構成されています。

TCP/IP で通信するサーバーなどの機器には、「他のコンピュータと、データを送受信するためのデータの出入口」が用意されています。これを「ポート (Port)」と言います。ポートは、0 から 65535 まであります。

ポートがあるおかげで、1 つの IP アドレスに対して、複数のアプリケーションが同時に通信できます。郵便で言うと、マンションの部屋番号のような概念です（**図 3-28**）。

ポートには、「相手にデータが届いたことを保証する TCP（Transmission Control Protocol)」と「確認せずに送信する（その代わりに高速な）UDP（User Datagram

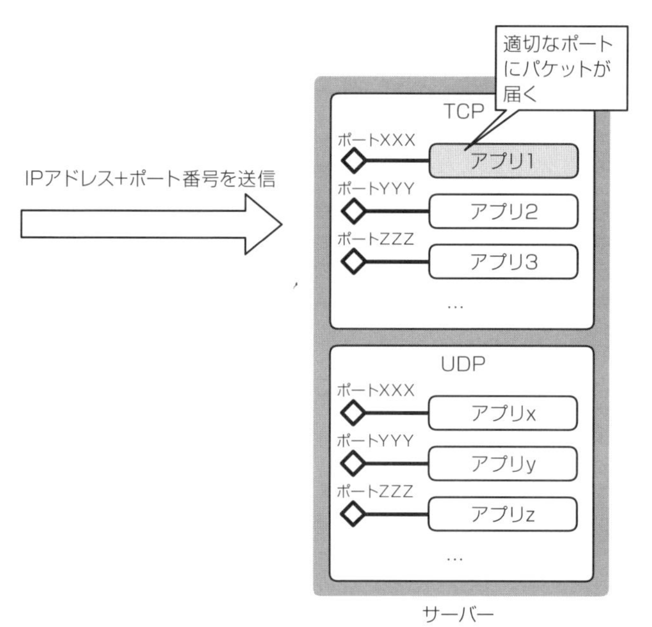

図 3-28 ポートを指定して目的のアプリケーションに届ける

Protocol)」の2種類があります。TCPとUDPの違いについては、CHAPTER9で説明します。

●待ち受けているポート番号とプログラムを確認する

いま挙げた「sshdというプログラム」も、サーバー上で通信を待ち受けているアプリケーションのひとつです。いずれかのポートに結びつけられています。

どのポート番号で、どのプログラムが待ち受けているのかは、lsofコマンドを使って調べられます。SSHで接続したあと、次のように入力してください。

```
[ec2-user@ip-10-0-1-10 ~]$ sudo lsof -i -n -P
```

Memo ここで提示した「[ec2-user@ip-10-0-1-10 ~]$」は、コマンドプロンプトです。実際に入力するのは、sudo以降です。コマンドプロンプトには、サーバー名などが記述されるため、環境によって異なります。そこで以下、「[ec2-user@ip-10-0-1-10 ~]$」ではなく、「$」とだけ記述します。sudoコマンドは、コマンドをrootユーザー(Linuxにおける管理者ユーザー)で実行するためのものです。サーバー上で、どのプログラムがどのポート番号で待ち受けしているのかがわかると、セキュリティ上の懸念があります。そこでlsofコマンドは、rootユーザーで実行しないと、一部の情報しか表示されないようになっています。そのため、全情報を表示するには、sudoコマンドを経由しての実行が必要となります。

lsofコマンドを実行すると、次のように表示されます。

```
COMMAND     PID            USER    FD   TYPE DEVICE SIZE/OFF NODE NAME
systemd-n 1710 systemd-network  17u  IPv4  84213   0t0  UDP 10.0.1.10:68
systemd-n 1710 systemd-network  19u  IPv6  15733   0t0  UDP
[fe80::8a4:85ff:fe32:bb33]:546
chronyd    1715          chrony  5u  IPv4  13947   0t0  UDP 127.0.0.1:323
chronyd    1715          chrony  6u  IPv6  13948   0t0  UDP [::1]:323
sshd       2050            root  4u  IPv4  16491   0t0  TCP *:22 (LISTEN)
sshd       2050            root  6u  IPv6  16493   0t0  TCP *:22 (LISTEN)
sshd       2867            root  5u  IPv4  20700   0t0  TCP 10.0.1.10:22-
>3.112.23.3:35969 (ESTABLISHED)
sshd       3268        ec2-user  5u  IPv4  20700   0t0  TCP 10.0.1.10:22-
>3.112.23.3:35969 (ESTABLISHED)
sshd      13640            root  5u  IPv4  79735   0t0  TCP 10.0.1.10:22->自分
のIPアドレス:XXXXX (ESTABLISHED)
sshd      13643        ec2-user  5u  IPv4  79735   0t0  TCP 10.0.1.10:22->自分
のIPアドレス:XXXXX (ESTABLISHED)
```

Memo PIDやDEVICEなどの値は、実行するタイミングやサーバーの構成によって異なります。

この結果のうち、行の最後に「LISTEN」と書かれているのが「他のコンピュータからの待ち受けをしているポート」、「ESTABLISHED」と書かれているのが「相手と現在、通信中のポート」を示します。

どちらでもないものは、「UDP のデータ」です（UDP は、データを送りっぱなしで相手の確認をとらないため、「通信中」という概念がありません）。

LISTEN 状態であるのは、TCP のポート 22 番です。

```
sshd       2050       root     4u   IPv4   16491        0t0   TCP *:22 (LISTEN)
sshd       2050       root     6u   IPv6   16493        0t0   TCP *:22 (LISTEN)
```

「sshd」というプログラムが動作しています。すでに説明したように、これは RLogin やターミナルからの SSH 接続を待ち受け、リモートからのコマンド操作を可能とします。

「*:22」の「*」は、「すべての IP アドレスを接続元として受け付ける」という意味です。

●ウェルノウンポート番号

このようにサーバー上では、ポート 22 番で sshd が起動しています。ですから、ポート 22 番に接続すれば、SSH サーバーに接続できます。

実際、RLogin の接続画面には、**図 3-29** のように、TCP ポートの設定項目があります。わかりやすく「ssh」と表示されていますが、数値で「22」と入力しても、つながります。

図 3-29　RLogin の接続画面

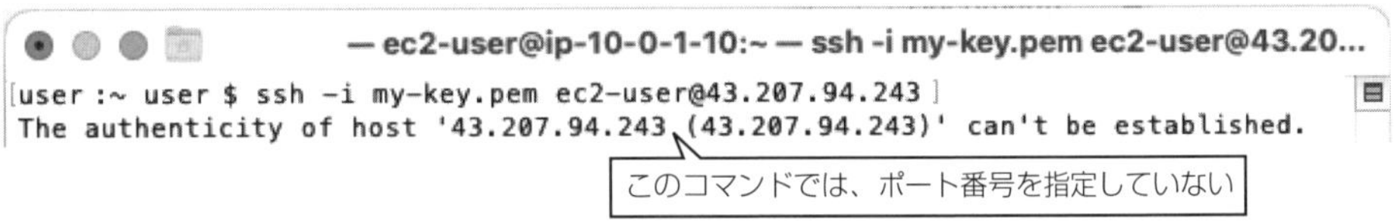

```
— ec2-user@ip-10-0-1-10:~ — ssh -i my-key.pem ec2-user@43.20...
user :~ user $ ssh -i my-key.pem ec2-user@43.207.94.243
The authenticity of host '43.207.94.243 (43.207.94.243)' can't be established.
```

このコマンドでは、ポート番号を指定していない

図 3-30　Mac のターミナルで SSH 接続するときのコマンドライン

では、Mac のターミナルで接続した場合は、どうでしょうか。このときは、ポート番号を指定していません（図 3-30）。

なぜ、Mac の場合、ポート 22 番を接続しなくてもつながるのでしょうか？

実は SSH で使われている「ポート 22 番」は、「ウェルノウンポート（Well Know Port:良く知られているポート）」と呼ばれ、「代表的なアプリケーションが使うポート番号」として、あらかじめ定められたものなのです。

ウェルノウンポートは、ポート番号 0 ～ 1023 までのいずれかの値をとり、たとえば、「SSH は 22 番」「SMTP は 25 番」「HTTP は 80 番」「HTTPS は 443 番」というように、用途（アプリケーション）ごとに、ポート番号が決まっています。

クライアントが接続先のポート番号を省略したときは、このウェルノウンポートが使われるので、明示的に指定しなくてもよいのです。

Memo　SMTP は、メールの送信や受信に使われるプロトコルです。HTTP は暗号化されていない Web 通信（http://）、HTTPS は暗号化された Web 通信（https://）に、それぞれ使われるプロトコルです。

●接続元のコンピュータにも適当なポート番号が付けられる

ところで、lsof コマンドで表示された「ESTABLISHED」の表示を、もう少し、詳しく見てみましょう。

```
sshd      13643       ec2-user   5u  IPv4  79735      0t0  TCP 10.0.1.10:22->
自分のＩＰアドレス:XXXXX (ESTABLISHED
```

これは、いま操作している「SSH 接続自体」を示しています。上記で「自分の IP アドレス:XXXXX」と記述したところは、たとえば、「210.1.2.3:65432」のような書式をしています（210.1.2.3 は自分の IP アドレス、65432 はランダムな番号で、一例にすぎません）。この「65432」というのも、また、ポート番号です。RLogin やターミナルは、クライアント側で、このポート番号を開いています。

TCP/IP のポート番号は、サーバー側だけでなく、クライアント側にもあります。クライアント側のポート番号は、未使用のランダムなものが使われます。このようなクライア

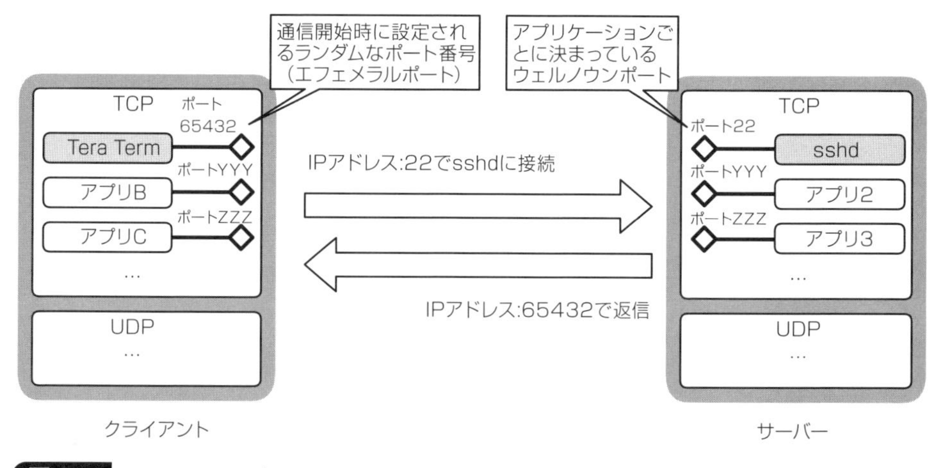

図 3-31 エフェメラルポート

ント側で使われる、一時的なランダムなポート番号のことを「エフェメラルポート(ephemeral ports)」と言います。エフェメラルポートは、サーバーと接続している間だけ使われ、切断すると開放されます。

エフェメラルポートは、「サーバーからクライアント」に向けてデータを送信する際に必要です。なぜなら、クライアント上でもたくさんのアプリケーションが動いており、IP アドレスとともにポート番号を指定しなければ、そのアプリケーションにデータを届けることができないからです（**図 3-31**）。

3-4 ファイアウォールで接続制限する

このような「IP アドレス」と「ポート番号」の理解は、サーバーやネットワークのセキュリティを高めるのに役立ちます。

セキュリティを高めるには、「ファイアウォール」を設けることが効果的です。

ファイアウォールというのは、「通してよいデータだけを通して、それ以外を遮断する機能」の総称です。そのもっとも簡単な構造のものが、「パケットフィルタリング（Packet Filtering)」です。

■パケットフィルタリング

パケットフィルタリングは、流れるパケットを見て、通過の可否を決める仕組みです。

パケットには、「IP アドレス」のほか「ポート番号」も含まれています。パケットフィルタリングは、「IP アドレス」と「ポート番号」など、パケットに付随する各種情報を見て、通過の可否を決めます。

Memo パケットフィルタリングでは、「IP アドレス」「ポート番号」以外にも、「通信種別の区別（ICMP、TCP、UDP など)」、「通信の方向（CHAPTER9 で説明する TCP の３ウェイハンドシェークの向き)」などを、通過の可否の判断材料にできます。

IP アドレスを判定して、「特定の IP アドレスを送信元とするパケット以外を除外する」ように構成すれば、接続元を制限できます。

そして、ポート番号を制限すれば、特定のアプリケーションを外部から接続できないように構成できます。

たとえば本書では、CHAPTER8 でデータベース機能を提供する「MariaDB」というデータベースソフトを使います。このデータベースソフトは、ポート 3306 番で待ち受けています。

デフォルトのままだと、誰もがデータベースにアクセスできてしまうため、セキュリティ上、好ましくありません。そこでパケットフィルタリングを構成して、ポート 3306 番を除外するように構成すると、安全に運用できます（図 3-32)。

■インスタンスのセキュリティグループ

実世界でパケットフィルタリングを構成するのは、ルーターやサーバー、もしくは専用のファイアウォール機器です。

AWS では、インスタンスに対して構成する「セキュリティグループ」が、この機能を担当します。本書では、インスタンスを構成するときに、「WEB-SG」というセキュリティ

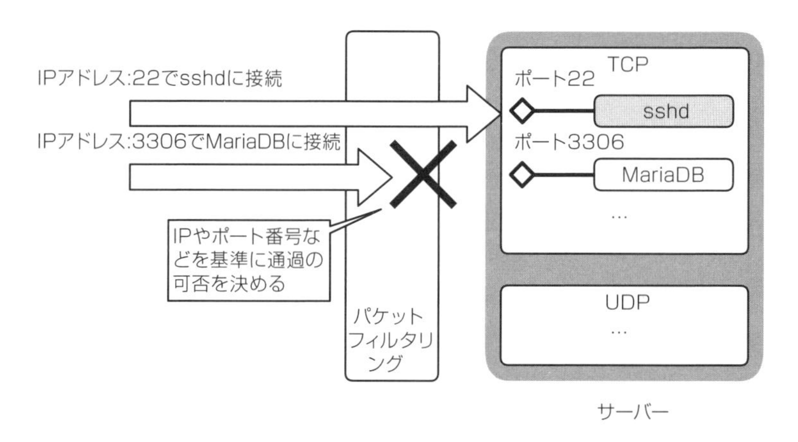

図 3-32　パケットフィルタリング

図 3-33　セキュリティグループの構成を確認する

グループを作りました。

セキュリティグループの構成は、[セキュリティグループ] メニューから確認できます（**図 3-33**）。

デフォルトの構成では、

・ポート 22 に対して、すべての通信（0.0.0.0/0）を許可する

という設定がありますが、それ以外の設定はありません。

つまり、ポート 22 を用いている SSH だけが通信でき、それ以外の通信はできません。

本書では、以降、この章で作成したインスタンスに、Webサーバーソフトなどをインストー

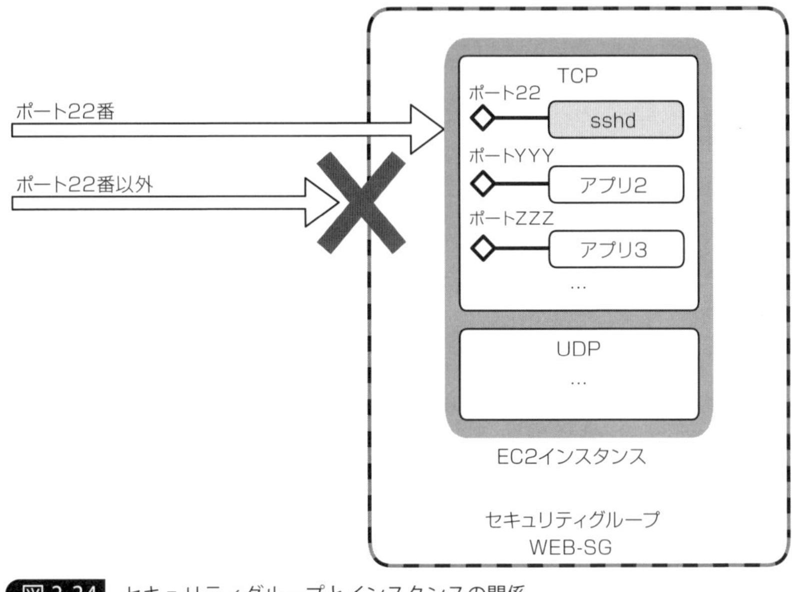

図 3-34 セキュリティグループとインスタンスの関係

ルしていきますが、デフォルトのセキュリティグループの設定では、たとえ、Web サーバーソフトをインストールしたとしても、阻まれて通信できません（**図 3-34**）。

そこで以降、必要に応じて、ソフトウエアのインストールとともに、セキュリティグループの構成も変更していきます。

Memo セキュリティグループの設定には、「インバウンドルール」と「アウトバウンドルール」の2つがあります。前者は「外から、このインスタンスに接続する向き」、後者は「このインスタンスから外側に出て行く向き」です。ここでは、「誰かが接続しようとしているのを排除する」という目的で、インバウンドルールだけ説明しています。実際には、「サーバーから、他のコンピュータに接続しようとするのを防ぐ」という目的で、アウトバウンドルールの設定をすることもできます。

3-5 まとめ

この章では、前章で作成した「パブリックサブネット」のなかに、1台のインスタンスを作りました。

作成したインスタンスには、「パブリック IP アドレス」と「プライベート IP アドレス」の2つの IP アドレスを設定しました。

パブリック IP アドレスはインターネットで通信するときに使う IP アドレスであり、起動時に自動設定されます。プライベート IP アドレスは VPC 内における通信でだけ使うものです。「10.0.1.10」を割り当てました（**図 3-35**）。

またこの章では、インスタンスをリモートで操作するために、RLogin やターミナルを用いて SSH 接続する方法も説明しました。

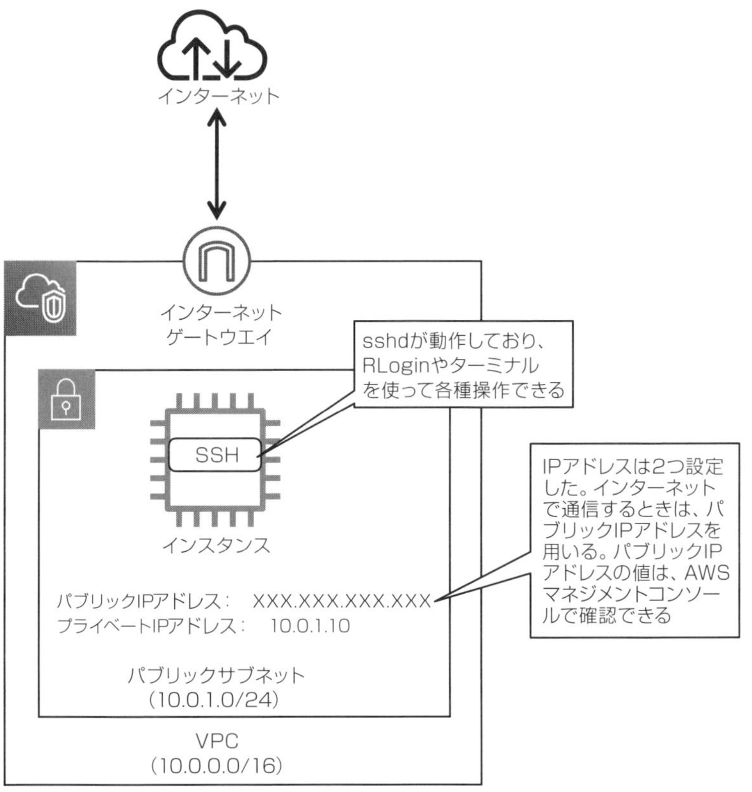

図 3-35 この章で作成したインスタンスの状態

その操作のなかで、次のことを学びました。

①ルーティング情報のやりとり

インターネットでは、「EGP」と「IGP」という2種類の方法で、互いに、どのネットワークの先に、どのネットワークが存在するのかというルーティング情報をやりとりしています。

②ポート

TCP/IPで通信するときには、「ポート」という0～65535番まで割り当てられた、データの出入口を使います。

③パケットフィルタリングとセキュリティグループ

パケットフィルタリングは、IPアドレスやポート番号などを基準にして、パケット通過の可否を決める仕組みです。EC2では、セキュリティグループとして設定します。

次の章では、このインスタンスに、Webサーバーソフトをインストールすることで、Webサーバーとして動作させていきます。

Column　SSH以外のインスタンスへのアクセス

本書ではリモートアクセスの基本的な方法として、SSHクライアントを用いた接続を説明しています。

しかしAWSでは、SSHクライアントを使うことなくブラウザで接続することもできます。

① EC2 Instance Connectを使う方法

ブラウザからSSH接続します。EC2インスタンスを右クリックし［接続］を選択します。

② CloudShellを使う方法

ブラウザから起動できるシェルを使って接続します。AWSマネジメントコンソールから「CloudShell」を起動し、そのシェルからSSHコマンドを入力します。

③ AWS Session Managerを用いたアクセス

SSHではなく「SSM Agent」と呼ばれるプログラムを通じて、安全にEC2インスタンスに接続する方法です。PrivateLinkを構成すると、プライベートIPであっても接続できます。安全なアクセスのため、AWSが推奨している方法です。

https://docs.aws.amazon.com/ja_jp/systems manager/latest/userguide/session-manager.html

CHAPTER4
Webサーバーソフトをインストールする

前章では、サブネットのなかにサーバーを構築し、SSHを用いて接続できるようにしました。この章では、構築したサーバーにWebサーバーソフトをインストールすることで、Webサーバーとしてインターネットに公開します。

4-1 Apache HTTP Serverのインストール

サーバーをWebサーバーとして機能させるには、「Webサーバーソフト」をインストールします。すると、Webブラウザなどからの要求を受け取り、サーバー上のコンテンツを返したり、サーバー上でWebアプリケーションを実行したりできるようになります。

本書では、Webサーバーソフトとして、「Apache HTTP Server（以下、Apache）」を用います。

Apacheは、オープンソースで提供されている、世界で最も多く利用されているWebサーバーソフトです。この章では、前章で作成したサーバー（EC2インスタンス。以下同じ）に、このApacheをインストールします（**図4-1**）。

■サーバーにApacheをインストールする

では実際に、サーバーにApacheをインストールしましょう。次のように操作してください。

【手順】サーバーにApacheをインストールする

［1］インスタンスにログインする

「3-2　SSHで接続する」を参照して、インスタンスにSSHでログインしてください。

［2］Apacheをインストールする

次のコマンドを入力して、Apacheをインストールしてください。

```
$ sudo dnf -y install httpd
```

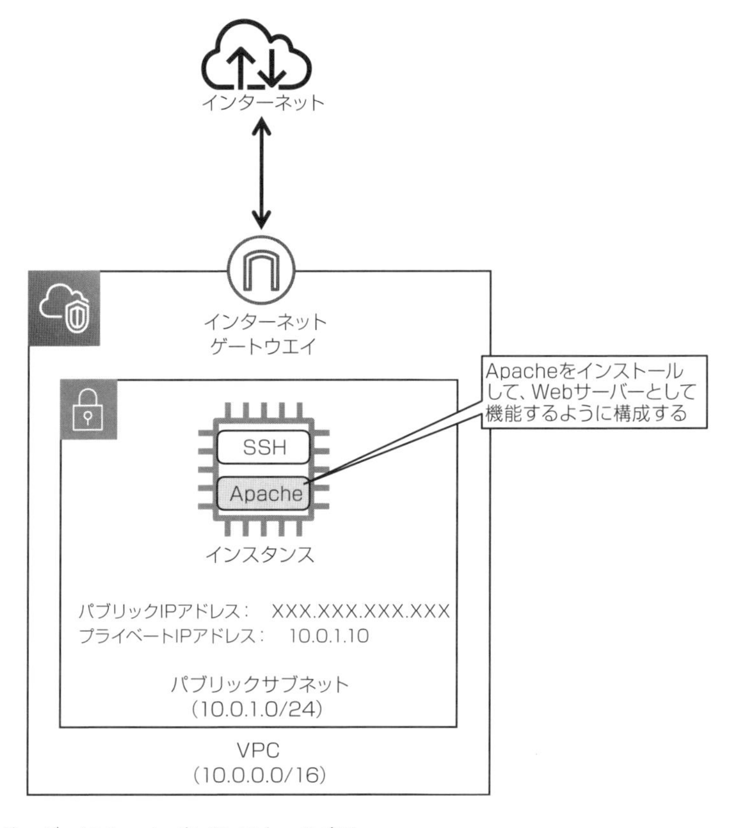

図 4-1　サーバーに Apache をインストールする

dnf コマンドは、アプリケーションをダウンロードしてインストールしたり、アンインストールしたりするときに用いる管理者コマンドです。

ここで指定している「httpd」は、Apache を構成するパッケージ名です。つまり、このコマンドによって、Apache がインストールされます。

なお、「-y オプション」は、ユーザーの確認なしにすぐインストールする指定です。

Memo
sudo コマンドは、指定したコマンドを管理者権限（root 権限）で実行するためのものです。「3-2　SSH で接続する」で説明した通り、インスタンスには、ec2-user ユーザーでログインします。ec2-user ユーザーは、管理者（root ユーザー）ではありません。そのため、管理者権限が必要な場合は、ここで示したように、sudo コマンドを付けて実行します。

Memo dnfコマンドは、従来、ソフトウェアのインストールに用いていたyumコマンドの後継版です。Amazon Linux 2023では、「yum」と入力したときに、dnfコマンドが実行されるように構成されているため、従来通り、「yum」と入力して、ソフトウェアをインストールすることもできます。

［3］Apacheを起動する

次のコマンドを入力して、Apacheを起動してください。

```
$ sudo systemctl start httpd.service
```

systemctlコマンドは、指定したコマンド（ここではhttpdなのでApache本体）を「起動（start）」「停止（stop）」「再起動（restart）」するコマンドです。

ここでは「start」を指定しているので、Apacheが起動します。

［4］自動起動するように構成する

これでApacheが起動しますが、サーバーを再起動すると、また停止してしまいます。

そこでサーバーが起動するときに、Apacheも自動的に起動するように構成しましょう。自動起動するように構成するには、次のコマンドを入力します。

```
$ sudo systemctl enable httpd.service
```

systemctlコマンドは、自動起動について「設定（enable）」「設定解除（disable）」「設定の確認（list-unit-files）」を指定できます。上記では、httpdをenableに指定しているので、サーバーが起動したときにApacheが自動起動するように構成されます。

Memo 正しく構成されたかどうかは、次のように実行すると確認できます。

```
$ sudo systemctl list-unit-files -t service
```

結果は、次のようになるはずです。

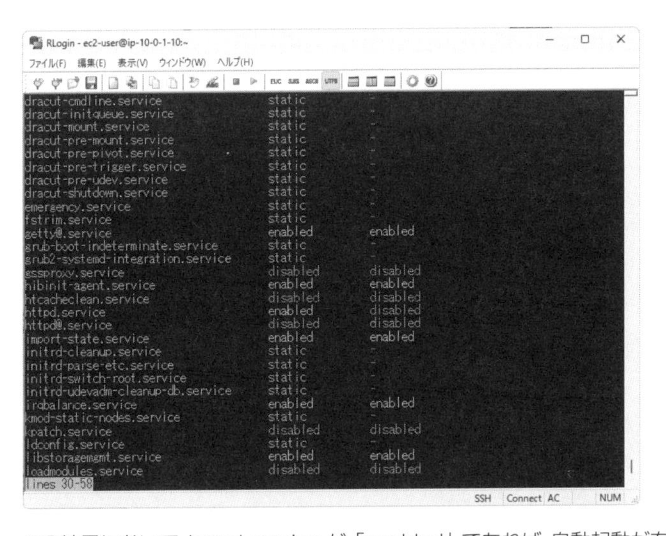

この結果において、httpd.service が「enabled」であれば、自動起動が有効になっています。

■Apache のプロセスを確認する

以上で、Apache をインストールして、その実行ファイルである httpd が起動したはずです。確認してみましょう。

ここでは、次の 2 つの方法で確認します。

①プロセスを確認する

Apache は httpd というファイルが実行コマンドです。もし実行中であるなら、この httpd のプロセスが、サーバー上に存在するはずです。

Linux システムでは、ps コマンドを使うと、実行中のプロセスを確認できます。次のように入力してください。

```
$ ps -ax
```

「-ax」オプションは、「-a（すべてのプロセスを表示する）」「-x（他の端末に結びつけられているプロセスも表示する）」の組み合わせです。

-ax オプションを指定して実行すると、サーバー上で動作しているすべてのプロセスが表示されます。たくさんあると思いますが、そのなかに、次のように httpd が存在するかを確認してください（先頭の数字は環境によって異なります）。

Memo 「ps -ax」と入力する代わりに、「ps -ax | grep httpd」と入力すると、「httpdを含む行」だけを出力でき、見つけやすくなります。

```
12134 ?        Ss     0:00 /usr/sbin/httpd -DFORGROUND
```

このような行が表示されていれば、サーバー上でApache（httpdプロセス）が動いています。

なお、先頭に表示されている数字は、「プロセス番号（PID）」と呼び、プロセスを区別するために自動的に付けられる番号です。

ここでは「12134」という番号で提示しましたが､実際に､どのような番号になるのかは、環境によって異なります。

Memo プロセス番号は、プロセスを終了（killコマンドで終了できます）したり、プロセスに何か通知を送信したりするときに使われます。

②ネットワークの待ち受け状態を確認する

エンドユーザーがWebブラウザを通じて、このサーバーにアクセスすると、Apache（httpd）はそれに対応するコンテンツを返します。これを実現するため、httpdは、ポートを開けて待機しています。

「3-3　IPアドレスとポート番号」で調査したのと同様に、lsofコマンドを使って、ポートの状況を調べてみましょう。次のように入力してください。

```
$ sudo lsof -i -n -P
```

すると、結果のなかに、次のようにhttpdが存在することがわかります（プロセス番号は、環境によって異なります）。

```
httpd     44816         root    4u  IPv6 147515      0t0  TCP *:80 (LISTEN)
httpd     44818       apache    4u  IPv6 147515      0t0  TCP *:80 (LISTEN)
httpd     44819       apache    4u  IPv6 147515      0t0  TCP *:80 (LISTEN)
httpd     44820       apache    4u  IPv6 147515      0t0  TCP *:80 (LISTEN)
```

「TCP *:80」と表示されていることから、Apacheはポート80番で待ち受けていることがわかります。ポート80番は、Web通信で用いる「HTTP（Hyper Text Transfer Protocol）」のウェルノウンポートです。

Memo lsof コマンドの結果を見ると、「IPv6」で待ち受けしており、「IPv4」では待ち受けしていないようにも見えます。しかし実際には、IPv6 仕様の「IPv4 互換アドレス」で接続したときにも、応答を返すように構成されており、IPv6 と IPv4 のどちらでも通信できます。

Memo Web サーバーでは、ここで提示した「ポート 80 番」以外に、暗号化通信（SSL 通信。「https://」でアクセスする通信）のために、「ポート 443 番」も利用します。しかし暗号化通信機能は、デフォルトではオフになっており、暗号化に用いる「SSL 証明書」の設定をしないと有効にならないことから、本書での説明は割愛します。

4-2 ファイアウォールを設定する

Apache をインストールして起動したので、このサーバーは Web サーバーとして機能しているはずです。

実際に、Web ブラウザを使ってアクセスしてみましょう。

■Web サーバーに接続する

Web ブラウザから Web サーバーに接続するときには、接続先のパブリック IP アドレスを指定します。

AWS マネジメントコンソールの EC2 タブで、［インスタンス］メニューを開いてインスタンス一覧を表示し、アクセス先のインスタンスの「パブリック IP アドレス」を確認しましょ

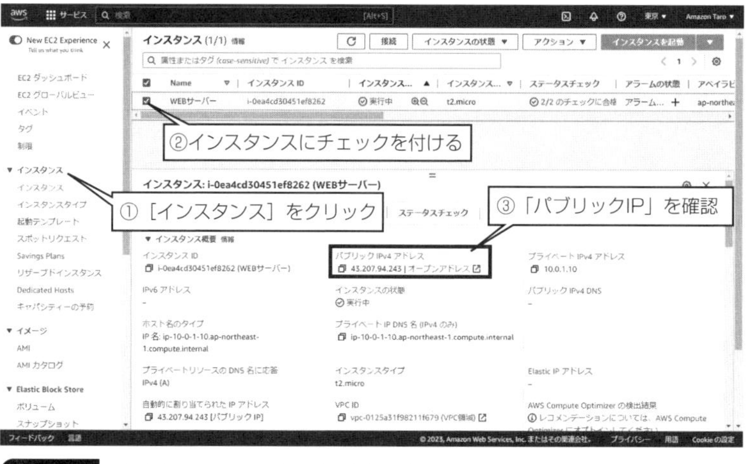

図 4-2 パブリック IP アドレスを確認する

図4-3　パブリックIPアドレスに接続したところ

う（**図4-2**）。

確認したら、Webブラウザで、そのIPアドレスに接続します（**図4-3**）。

しかし残念ながら、このままでは接続できないはずです。

■ファイアウォールを構成する

接続できないのは、ポート80番がファイアウォールによってブロックされているからです。

Amazon EC2において、ファイアウォール機能を構成するのは、「セキュリティグループ」という機能です（「3-4　ファイアウォールで接続制限する」を参照）。

「3-1　仮想サーバーを構築する」では、インスタンスを作成するときに、「WEB-SG」という名前のセキュリティグループを適用し、「ポート22番だけを通して、それ以外は通さない」という設定をしてあります。そのため、Apacheが待ち受けているポート80番がブロックされて、通信できません（**図4-4**）。

ファイアウォールを設定変更して、ブロックされているポートで通信できるようにする操作を、「ポートを開ける」や「ポートを開く」、「ポートを通す」などと表現します。

「WEB-SG」というセキュリティグループの設定を変更し、ポート80番を開けるには、次のようにします。

【手順】ポート80番を開ける

[1] セキュリティグループの設定画面を開く

AWSマネジメントコンソールのEC2メニューの［セキュリティグループ］をクリック

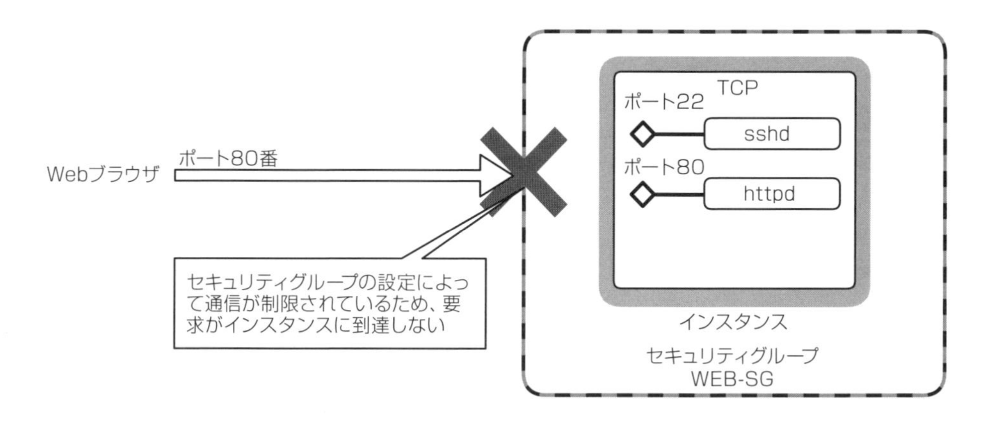

図 4-4 セキュリティグループによる通信制限

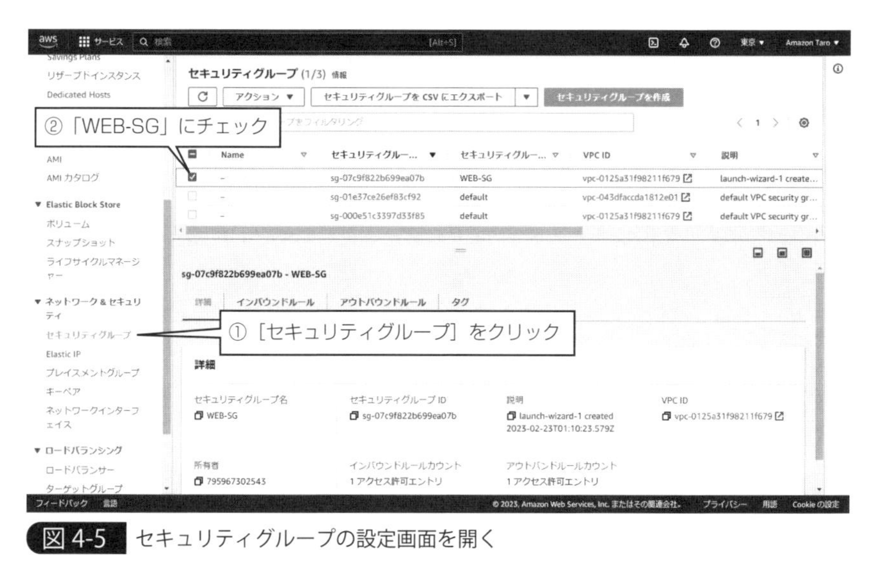

図 4-5 セキュリティグループの設定画面を開く

すると、セキュリティグループ一覧が表示されます。

CHAPTER3 に示した手順でインスタンスを作成した場合、「WEB-SG」というセキュリティグループがあるはずなので、それをクリックしてチェックを付けてください（**図 4-5**）。

［2］ポート 80 番はすべてのホストからの通信を許可する

「外側から入ってくるパケット」のファイアウォールは、［インバウンドルール］タブで設定します。まずは、［インバウンドルール］タブをクリックして開いてください。

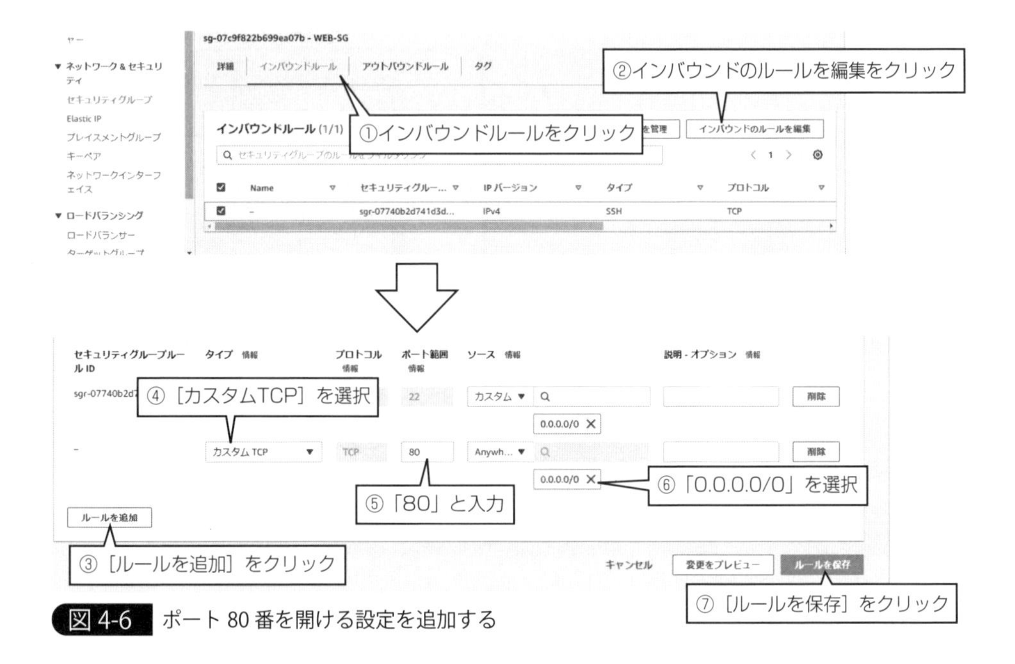

図4-6　ポート80番を開ける設定を追加する

［インバウンドのルールを編集］ボタンをクリックすると、［インバウンドルールの編集］ページが開きます。［タイプ］で［カスタムTCP］を選択し、［ポート範囲］には「80」と入力します。

そして「ソース」は、「すべてのホスト」を示す「Anywhere-IPv4」を選択します。すると「0.0.0.0/0」として追加されます。

最後に、［ルールを保存］ボタンをクリックして、この設定を保存してください（**図4-6**）。

Memo HTTP通信を許可するときは、［カスタムTCP］ではなく［HTTP］を選択する方法もあります。［HTTP］の選択肢は、「TCPのポート80番を開ける設定をする」ためのものなので、どちらで設定しても、結果は同じです。

以上の設定で、ポート80番が通るようになりました（**図4-7**）。

もう一度、「http:/パブリックIP/」にWebブラウザで接続してみてください。今度は、「It works!」が表示されるはずです（**図4-8**）。

Memo Web ブラウザでアクセスするときは、「http:// パブリック IP/」のように、先頭に「http://」を付けて入力してください。付けないと、Web ブラウザによっては、暗号化通信である「https://」で接続されることがあります。

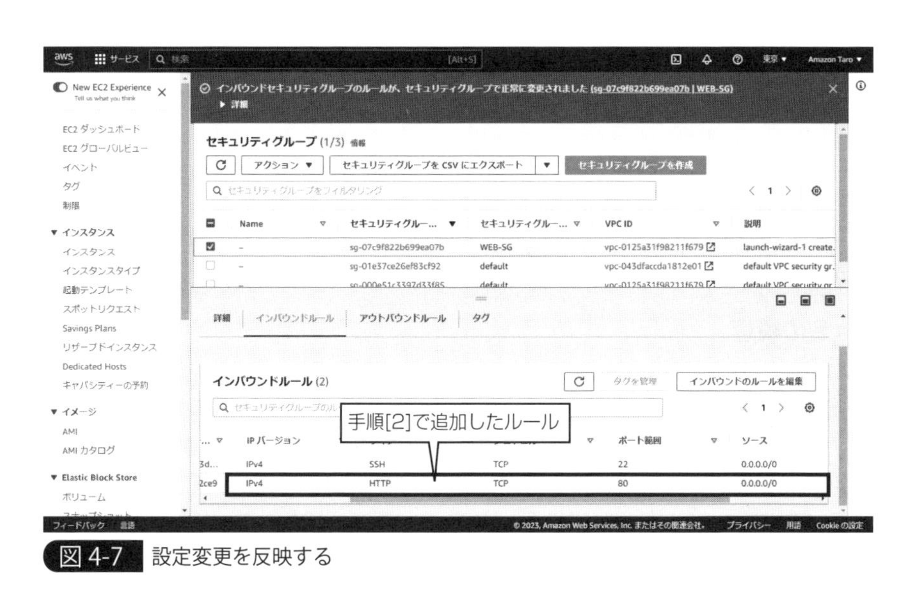

図 4-7　設定変更を反映する

図 4-8　表示された Apache のデフォルトページ

Memo Apache のデフォルトの構成では、/var/www/html ディレクトリの内容が Web ブラウザに出力されます。ただし、このディレクトリが空の場合は、/usr/share/httpd/noindex/index.html が出力されます。図 4-8 に表示されているのは、このファイルの内容です。

4-3 ドメイン名と名前解決

このように、Webブラウザにパブリック IP アドレスを入力することで、Webサイトにアクセスできます。

しかし一般に、Webサイトにアクセスするときに直接パブリック IP アドレスを指定することは、ほとんどありません。なぜなら、単なる数字である IP アドレスは、覚えにくいからです。ほとんどの場合、「www.example.co.jp」などのドメイン名を用いてアクセスするはずです。

では、ドメイン名を利用するには、どのようにすればよいのでしょうか？

■ドメイン名の構造

ドメイン名は、IP アドレスと同様に、Webサーバーやメールサーバーなどの「インターネット上の住所」に相当するものです。英数字（もしくは日本語）で構成された名称で、IP アドレスのような数字に比べて、簡単に覚えられます。

ドメイン名は、IP アドレスと同様にサーバーなどを指し示すものなので、一意性が保証される必要があります。

●ドメインの階層

ドメイン名は、ピリオドで区切られた構造をしています。ピリオドで区切られた部分を「ラベル」と言います。

もっとも右側のラベルを「トップレベルドメイン」と呼び、以下、左に向かって、「第2レベルドメイン」「第3レベルドメイン」と呼びます（**図4-9**）。

ドメインの階層をツリーで表現したものが、**図4-10**です。

一番上の「ルート（root）」と呼ばれる部分を頂点とし、下の階層へと広がります。

ルートの直下には、「jp」「com」「net」などのトップレベルドメインが配置されます。そのさらに下に、「第2レベルドメイン」「第3レベルドメイン」と続きます。

あるドメインの下に、ドメインを新設する場合は、必ず、異なるラベルを付けます。そうすることで、ドメイン名空間を構成するすべてのドメイン名は、一意性が保証されます。

図4-9　ドメイン名の構成

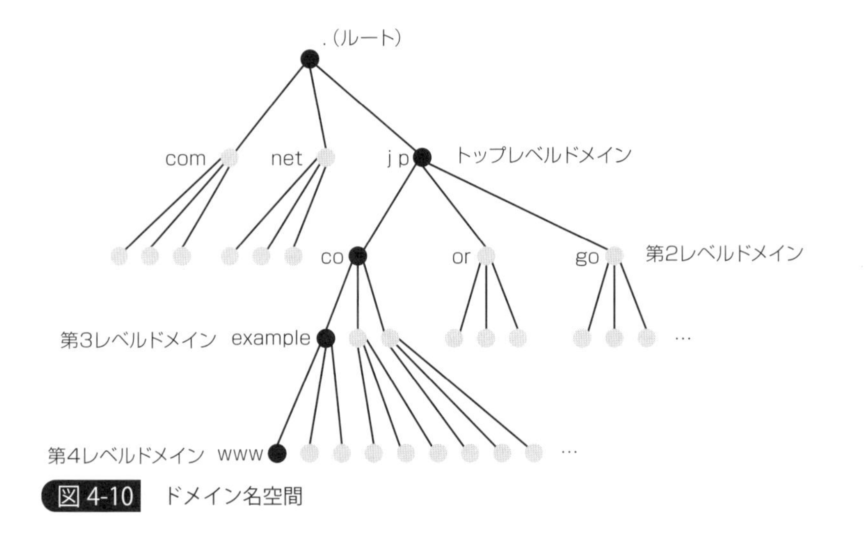

図 4-10　ドメイン名空間

●ドメインの管理

ドメイン名は、IP アドレスと同様に ICANN が統括管理しており、トップレベルのドメイン名ごとに、それぞれの事業者が管理しています。

たとえば、トップレベルが「com」「net」のドメイン名は Verisign が、「jp」のドメイン名は、JPRS（JaPan Registry Services、日本レジストリサービス）が管理しています。これらの管理組織のことを「レジストラ（もしくはレジストリ）」と言います。

企業や個人などがドメイン名を利用するときには、これらのレジストラ配下の「指定事業者」に申請します。すると、ドメイン名を利用できるようになります（**図 4-11**）。

■DNS による名前解決

TCP/IP の世界では、相手先を確認するのは、あくまでも「IP アドレス」です。ドメイン名でアクセスするときも、最終的に IP アドレスに変換して接続します。

そのときに使われる仕組みが、「DNS（Domain Name System）」です。DNS を用いて、あるドメイン名から、それに対応する IP アドレスを引き出すことを「名前解決」と呼びます。

「IP アドレス」と「ドメイン名」を変換するのは「DNS サーバー」です。DNS のシステムは、世界中に分散した DNS サーバー群で構成された、大きな分散型データベースです。それぞれの DNS サーバーは、「自分が担当する範囲の IP アドレスとドメイン名の変換」だけをします。管轄外の名前解決が必要になったときは、他の DNS サーバーへと問い合わせを転送します。

DNS サーバーは、このようなドメイン名の名前解決をするため、「DNS リゾルバ

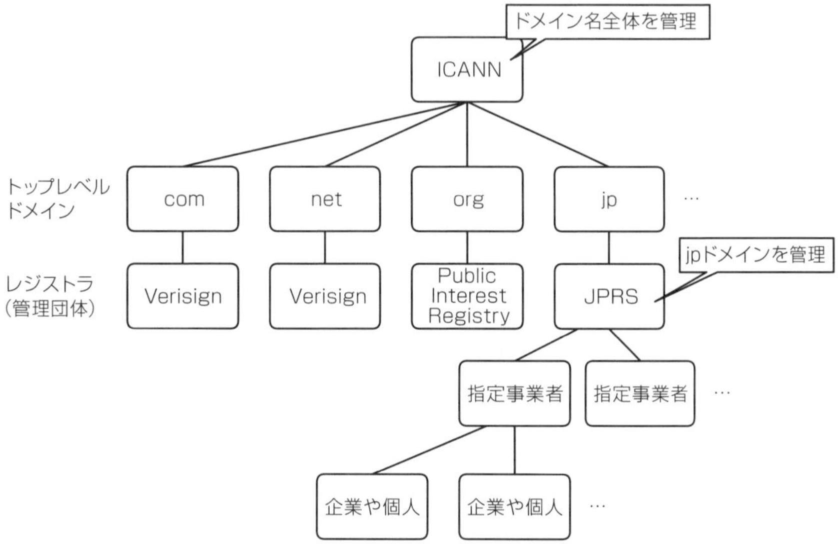

図 4-11　ドメイン名の管理

(resolver：解決の意味)」と呼ばれることもあります。

名前解決は、「ルート DNS サーバー」から始まり、「トップレベルドメインの DNS サーバー」「第 2 レベルの DNS サーバー」「第 3 レベルの DNS サーバー」というように、階層的に処理されます（**図 4-12**）。

このように階層的に処理することで、どのようなドメイン名であっても、最終的に変換先の IP アドレスがわかります。

ドメイン名は、DNS サーバーが解決することから、「DNS 名」と呼ばれることもあります。また、サーバーやネットワーク機器など、「通信可能なホスト」に名付けるために使われることから、「ホスト名」や「DNS ホスト名」と呼ばれることもあります。

■DNS サーバーを構成する

実際に、DNS サーバーを構成して、どのような動きをするのか確認してみましょう。

Amazon VPC には、VPN 内の名前解決をするオプション機能があり、その機能を有効にすると、インスタンスに DNS 名が設定されるようになります。

【手順】インスタンスの名前解決を有効にする

[1] VPC の設定ページを開く

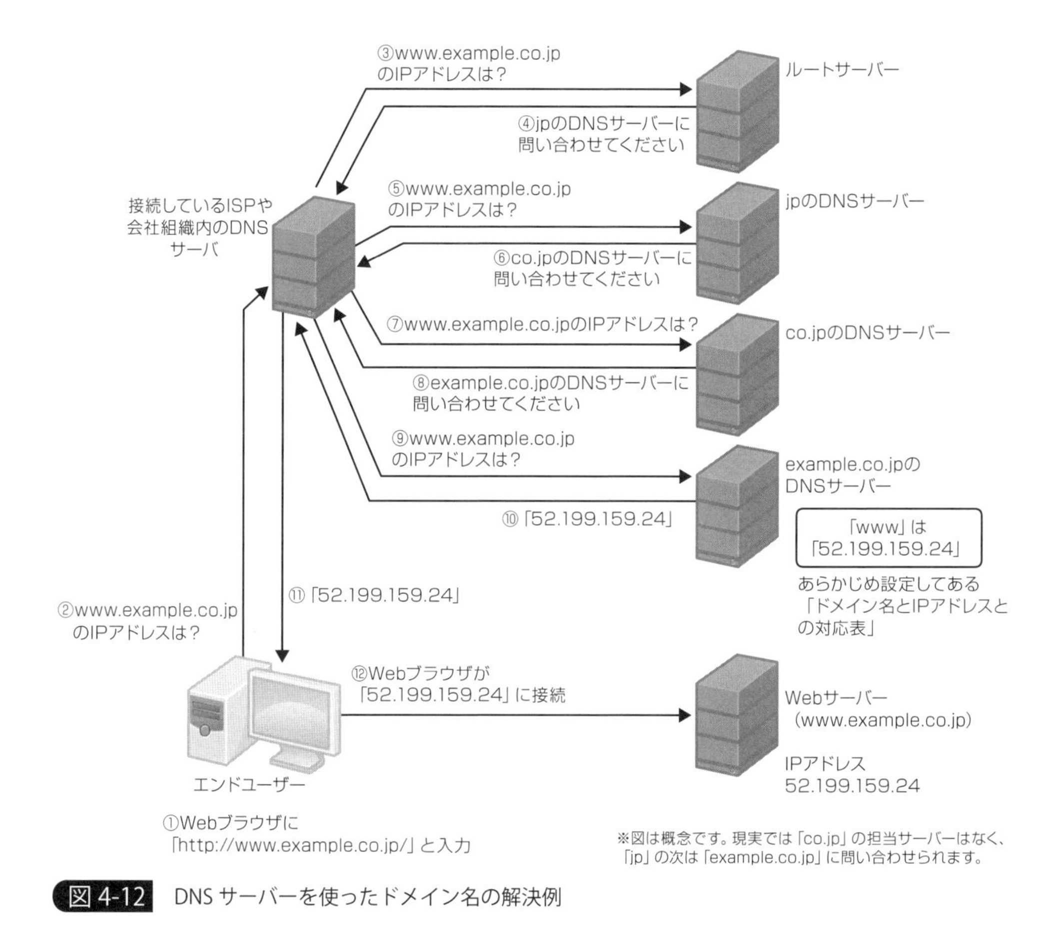

図 4-12　DNS サーバーを使ったドメイン名の解決例

AWS マネジメントコンソールの VPC メニューを開き、［お使いの VPC］をクリックします。

［2］DNS 名を付けるように構成する

作成中の VPC 一覧が表示されます。本書の手順では、10.0.0.0/16 の CIDR ブロックを設定した「VPC 領域」と名付けた VPC があるはずです。この VPC にチェックを付け、［アクション］から［VPC の設定を編集］をクリックすると、［VPC の設定の編集］ページが開きます。「DNS 設定」の［DNS ホスト名を有効化］にチェックを付けて［保存］をクリックします（**図 4-13**）。すると、この VPC 内で起動したインスタンスに DNS 名が割り当てられるようになります。

実際に、どのような DNS 名が設定されたのか、見てみましょう。

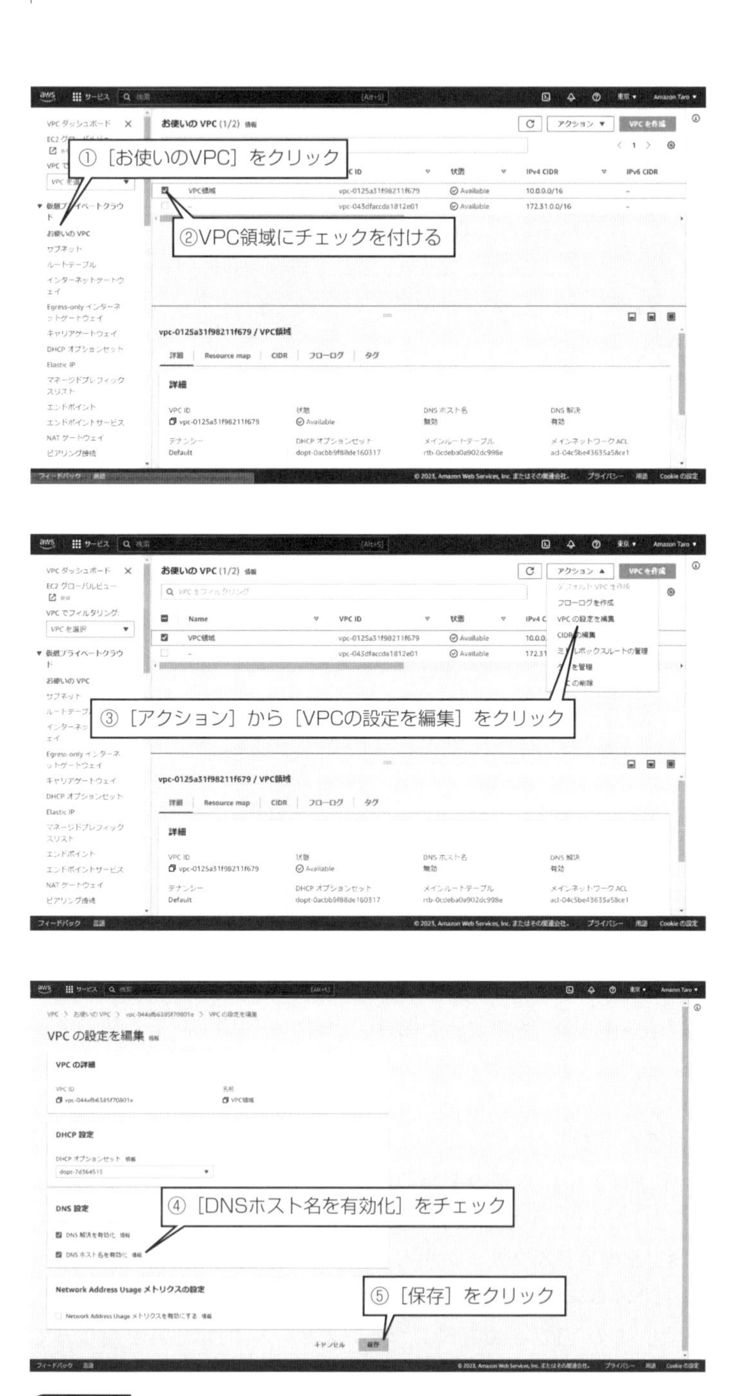

図4-13　DNS名を付けるように構成する

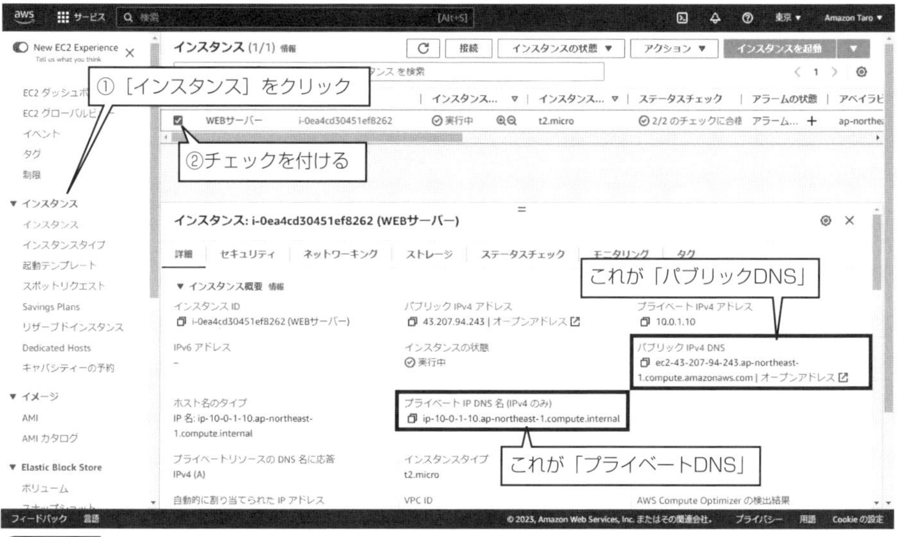

図 4-14　割り当てられた DNS 名

まずは、AWS マネジメントコンソールの［EC2］を開いてください。そして［インスタンス］をクリックしてインスタンス一覧を表示します。

調べたいインスタンスにチェックを付けると、その下の［パブリック DNS］の部分に、割り当てられた DNS 名が表示されます（**図 4-14**）。

DNS 名には、「パブリック DNS」と「プライベート DNS」の 2 つがあります。前者はインターネットから参照できる DNS 名、後者は VPC 内でしか参照できない DNS 名です。

Memo パブリック IP アドレスを割り当てていないときはパブリック DNS は空欄となり、プライベート DNS しか設定されません。

図 4-14 に表示されているパブリック DNS「ec2-43-207-94-243.ap-northeast-1.compute.amazonaws.com」は、次の構成であることがわかります。

・第 5 レベル

ec2-43-207-94-243

インスタンス固有の名称（パブリック IP アドレスをもとに自動的に設定）

・第 4 レベル

ap-northeast-1

東京リージョンのドメイン（AWS内で定義）

・第3レベル
compute
Amazon EC2などのコンピュートサービスドメイン（AWS内で定義）

・第2レベル
amazonaws
AWSのドメイン

・トップレベル
com
comドメイン

図4-15　DNS名でアクセスする

Memo 本書の手順では、パブリックIPアドレスは、インスタンスを起動するたびにランダムなものが設定されます。それに伴い、パブリックDNS名もランダムなものとなります。コラム「パブリックIPアドレスを固定化する」で説明したElastic IPを用いてパブリックIPアドレスを固定化すると、パブリックDNS名も固定化されます。

実際に、この割り当てられたパブリックDNS名を用いて、Webブラウザからアクセスすると、正しくアクセスできます（**図4-15**）。

■nslookupコマンドでDNSサーバーの動きを見る

いくつかのコマンドを使うと、DNSサーバーが、どのように名前解決しているのかを

Column Route53 サービスを用いて独自ドメイン名で運用する

本書では、AWS で提供される「.amazonaws.com」のドメインを利用する例を示していますが、「www.example.co.jp」などの独自ドメイン名を利用することもできます。

独自ドメイン名を利用するには、まず、「レジストラ」と呼ばれるドメイン事業者から、利用したいドメイン名を取得します。AWS マネジメントコンソールを操作して取得するほか、JPRS の「指定事業者」から取得することもできます（http://jprs.jp/registration/list/）。ドメイン名を取得したら、DNS サーバーを構成して、Amazon EC2 のインスタンスに向けるように構成します。

AWS では、DNS サーバーを構成するための「Route 53」というサービスが提供されています。Route 53 サービスに、取得したドメイン名を設定すると、独自ドメイン名を利用できるようになります。なお、2014 年 7 月から Route 53 を利用してドメイン名を取得することもできるようになっています（**図 4-A**）。

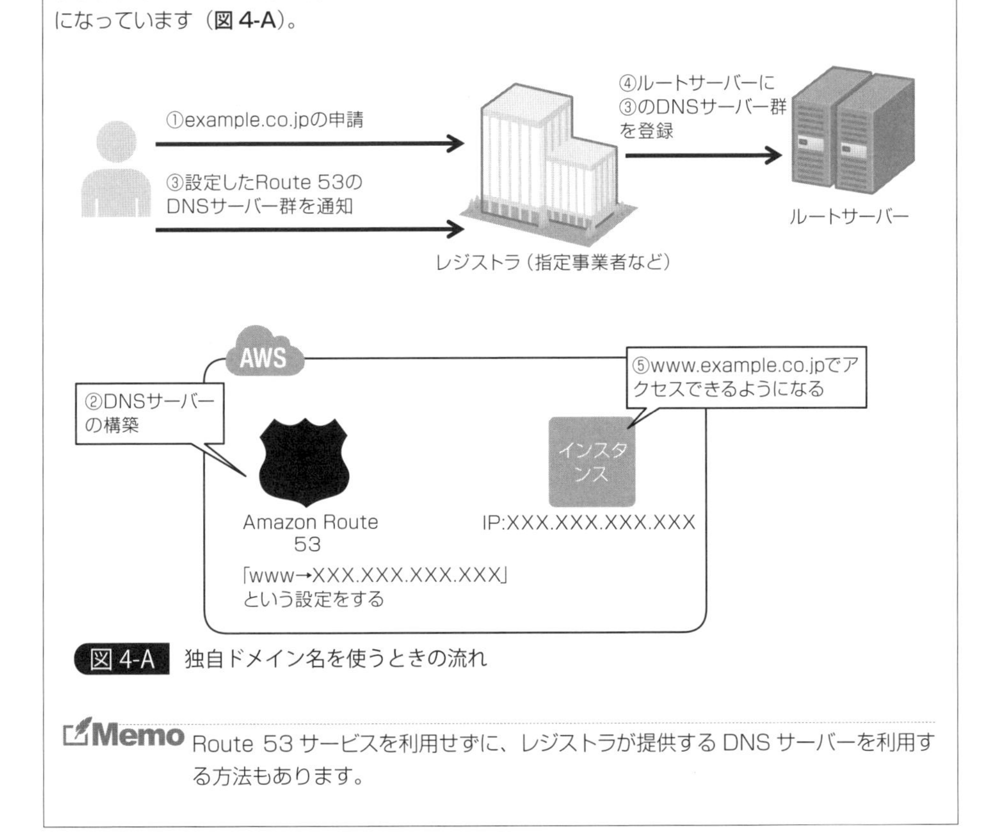

図 4-A　独自ドメイン名を使うときの流れ

Memo Route 53 サービスを利用せずに、レジストラが提供する DNS サーバーを利用する方法もあります。

知ることができます。DNS の名前解決を調査する際に、もっともよく使われているコマンドが「nslookup」です。nslookup コマンドは、Windows や Mac、そして、多くの Linux ディストリビューションに、標準でインストールされています。

Memo nslookupコマンドは昔ながらのコマンドです。最新のUNIX系の環境では、もっと詳細にDNSサーバーとのやりとりを確認できるdigコマンドを使うこともあります（AppendixBを参照）。

●クライアントからnslookupする

まずは、WindowsやMacの環境で、いまアクセスした「ec2-43-207-94-243.ap-northeast-1.compute.amazonaws.com」が、どのように名前解決されているのかを調べてみましょう。

プロバイダーを通じてインターネットに接続しているのなら、Webブラウザを使って図4-15のようにアクセスしたときに、プロバイダーが提供しているDNSサーバーが名前解決をしています。

① Windowsの場合

［スタート］メニューから［Windowsツール］―［コマンドプロンプト］を実行してください。そして、次のようにnslookupコマンドを入力してください。

なお、ec43-207-94-243.ap-northeast-1.compute.amazonaws.comの部分は、図4-14で確認したパブリックDNSに合わせてください。

Memo 「>」は、プロンプトを示しています。実際に入力するのは「nslookup以降」です。

```
> nslookup ec43-207-94-243.ap-northeast-1.compute.amazonaws.com
```

すると、次のように「43.207.94.243」が返されるはずです。

```
サーバー:  xxxxxx
Address:  2400:4051:…略…

権限のない回答:
名前:     ec43-207-94-243.ap-northeast-1.compute.amazonaws.com
Address:  43.207.94.243
```

なお、ここで表示されている「サーバー：XXXXXX ／ Address：2400：4051：…略…」というのは、筆者のWindowsクライアントに設定されているDNSサーバーです。環境によって異なります。

```
— ec2-user@ip-10-0-1-10:~ — -bash — 100×25
user :~ user $ nslookup ec2-43-207-94-243.ap-northeast-1.compute.amazonaws.com
Server:         2400:4051:
Address:        2400:4051:                                  #53

Non-authoritative answer:
Name:    ec2-43-207-94-243.ap-northeast-1.compute.amazonaws.com
Address: 43.207.94.243
```

図 4-16　Mac で nslookup を実行した結果

Memo 筆者の環境では、ルーターを用いてインターネットに接続しています。ルーターを使う構成の場合、ルーターが DNS の問い合わせをいったん受け取り、それをプロバイダーの DNS サーバーへと転送するのが一般的です。つまり、この「2400：4051：…略…」は、ルーターの IP アドレスです。

② Mac の場合

Mac の場合は、「ターミナル」から実行する以外は、Windows と同じです。次のように入力してください（**図 4-16**）。

```
$ nslookup ec43-207-94-243.ap-northeast-1.compute.amazonaws.com
```

Memo 「$」は、プロンプトを示しています。実際に入力するのは「nslookup」以降です。

なお、図 4-16 に表示されている「Address:2400：4051：…略…#53」の末尾の「#53」とは、DNS のウェルノウンポートであり、「ポート 53 で通信している」ということを示します

Memo DNS は、もともとは UDP で通信する単純な通信規格です。その後、規格が拡張され、送受信するデータが UDP のパケットサイズに収まらないときは TCP を使って通信するようになり、UDP の通信と TCP の通信が併用されるようになりました。そして 2016 年に定められた RFC7766 という規格では、初回から TCP で通信してもよいことになりました。こうした経緯から近年では、DNS の通信が UDP ではなく、常に TCP で通信することも多くなりました。

●逆引きする

いまは、「DNS → IP アドレス」の変換をしましたが、「IP アドレス→ DNS 名」の変換をすることもできます。たとえば、次のように入力します。

```
> nslookup 43.207.94.243
```

すると、「ec43-207-94-243.ap-northeast-1.compute.amazonaws.com」という結果が返されます。

```
名前:     ec43-207-94-243.ap-northeast-1.compute.amazonaws.com
Address:  43.207.94.243
```

このように「IPアドレス→DNS名」に変換することを「逆引き」と言い、それに対比して、先に行った「DNS→IPアドレス」の変換は、「正引き」と言います。

Memo

逆引きは、常にDNSサーバーに設定されているとは限りません。逆引きができないこともあります。

また、「正引き」と「逆引き」は、1対1の対応をするとも限りません。サーバーには別名を付けることもできるためです。

たとえば、あるホスト「www.example.co.jp」に対して、「43.207.94.243」と「18.177.32.61」の2つのIPアドレスを設定することもできます。このように複数のIPアドレスを設定した場合、エンドユーザーは、「43.207.94.243」か「18.177.32.61」のどちらかにアクセスします。結果として、負荷分散できます（このような負荷分散方式を「DNSラウンドロビン」と言います）。

一方で「43.207.94.243」や「18.177.32.61」に対する逆引きは、両方とも「www.example.co.jp」に設定すると名前が重複してしまうので、片方は「www1.example.co.jp」、もう片方は「www2.example.co.jp」というように、異なる名前を付けるのが一般的です。

このような構成のとき、「www.example.co.jp→43.207.94.243、18.177.32.61」ですが、その逆引きは、「43.207.94.243→www1.example.co.jp」「18.177.32.61→www2.example.co.jp」であり、一致しません。

●サーバーからnslookupコマンドを実行する

クライアントだけでなく、サーバーにも名前解決に用いるDNSサーバーが設定されています。

たとえば、本章の冒頭では、Apacheをインストールする際に、dnfコマンドを使ってダウンロードしました。ダウンロードサイトの名前解決には、サーバー（EC2インスタンス）に設定されているDNSサーバーが使われています。

どのようなDNSサーバーが使われているのかは、nslookupコマンドで確認できます。インスタンスにSSHでログインし、たとえば、適当なホスト名、「www.nikkeibp.co.jp」を問い合わせてみてください。

下記のように結果が返されます。ここでは、「Server: 10.0.0.2」と表示されているので、このインスタンスは、IPアドレス「10.0.0.2」をもつDNSサーバーを使って名前解決していることがわかります。

【インスタンス上で実行】

```
$ nslookup www.nikkei.co.jp
Server:         10.0.0.2
Address:        10.0.0.2#53

Non-authoritative answer:
www.nikkei.co.jp          canonical name = www.nikkei.co.jp.cdn.cloudflare.
net.
Name:   www.nikkei.co.jp.cdn.cloudflare.net
Address: 104.18.0.83
Name:   www.nikkei.co.jp.cdn.cloudflare.net
Address: 104.18.1.83
Name:   www.nikkei.co.jp.cdn.cloudflare.net
Address: 2606:4700::6812:153
Name:   www.nikkei.co.jp.cdn.cloudflare.net
Address: 2606:4700::6812:53
```

Memo 10.0.0.2のIPアドレスをもつDNSサーバーは、VPCによって自動提供されたものです。

4-4 まとめ

この章では、前章で作成したサーバーにApacheをインストールして、Webサーバーとして動作するようにしました（**図4-17**）。

インストール直後は、ファイアウォールに阻まれているため、ポート80番を通す設定をして通信可能な状態にしました。

すると、Webブラウザから、パブリックIPアドレスを指定することで、アクセスできるようになりました。次にDNS名を有効に設定しました。その結果、DNS名でもアク7

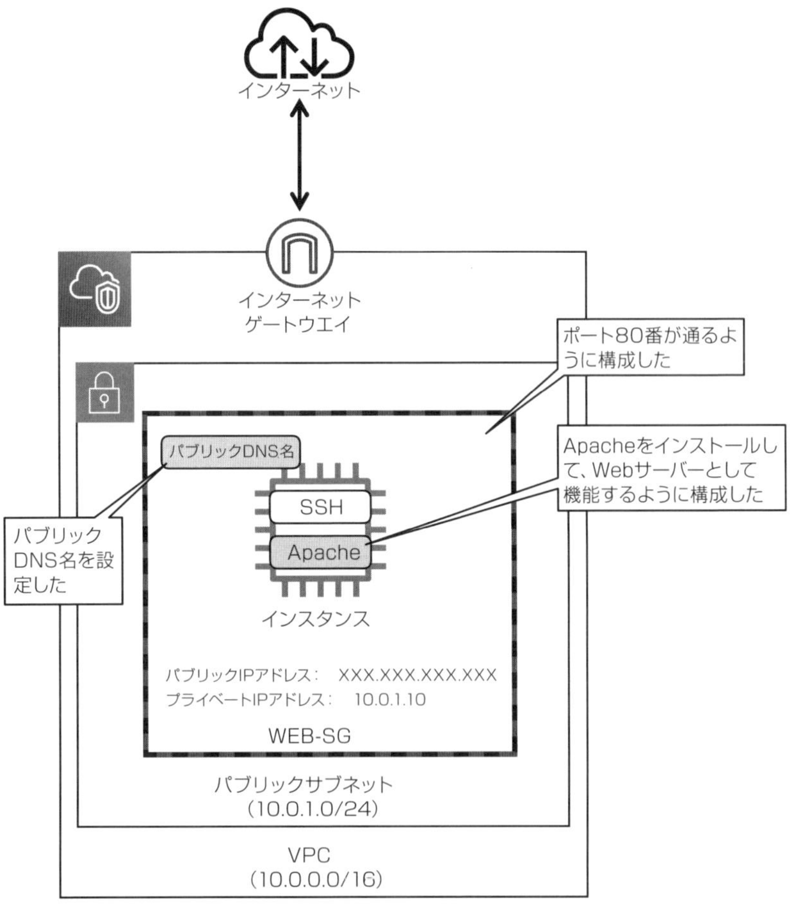

図4-17　この章で設定したネットワークやサーバーの構成

スできるようになりました。DNS名の名前解決をするのはDNSサーバーです。その動きは、nslookupコマンドで調査できることがわかりました。

次の章では、Webブラウザと Webサーバーとの間で、どのような通信のやりとりがされているのかをもう少し詳しく見ていきます。

CHAPTER5
HTTPの動きを確認する

前章ではWebサーバーを構築して、Webブラウザでアクセスできるところまで確認しました。WebブラウザとWebサーバー間は、「HTTP」というプロトコルを使って、データをやりとりしています。この章では、HTTPプロトコルについて解説します。

5-1 HTTPとは

ふだん、私たちが利用しているWeb通信では、「HTTP（Hyper Text Transfer Protocol）」という通信プロトコルが使われています。

HTTPは、直訳すると、「ハイパーテキストを伝送するための通信規約」であり、HTMLをはじめとするWebサービスに必要とされる情報を伝達するためのルールです。

Memo ハイパーテキスト（Hypertext）とは、リンク（ハイパーリンク<a href="">）同士で結びつけられたテキストのことを言います。

Webサイトを利用していると、「404 Not found」や「500 Internal Server Error」など、数字を伴ったエラー画面に遭遇したことがある人も多いでしょう。

これらの数字は、HTTPで定義されたコードです。「404は、対象のリソースが見つからない」「500は、サーバー側で何かしらのエラーが発生した」という意味があります。

HTTPは、クライアント・サーバー型のアーキテクチャです。2者間で「リクエスト（要求）」と「レスポンス（応答）」をやりとりする方式を定めています（**図5-1**）。

■リクエストとレスポンスの書式

図5-1に示したように、リクエストとレスポンスは、それぞれ、3つのパートで構成されます。

①リクエスト

「リクエストライン」「ヘッダー」「ボディ」で構成されます（**図5-2**）。

リクエストラインは、「要求コマンド」のことです。「要求方法」と「要求するURL」が含まれます。冒頭の1行です。

ヘッダーは、ブラウザから送信する追加情報です。たとえば、「要求したいホスト名(Hostヘッダー)」、「ブラウザの種類(User-Agentヘッダー)」や「対応言語(Languageヘッダー)」、「Cookieの情報(Cookieヘッダー)」や「直前に見ていたページのURL(Refererヘッダー)」などが含まれており、多くの場合、複数行に渡ります。

ボディは、HTMLフォーム（form要素）やJavaScriptによる通信（XMLHttpRequestやfetch）などで、POSTやPUTというメソッドを利用し、データをサーバーに送信するときに利用されます。ヘッダーとボディとは、空行（改行だけの行）で区切られます。

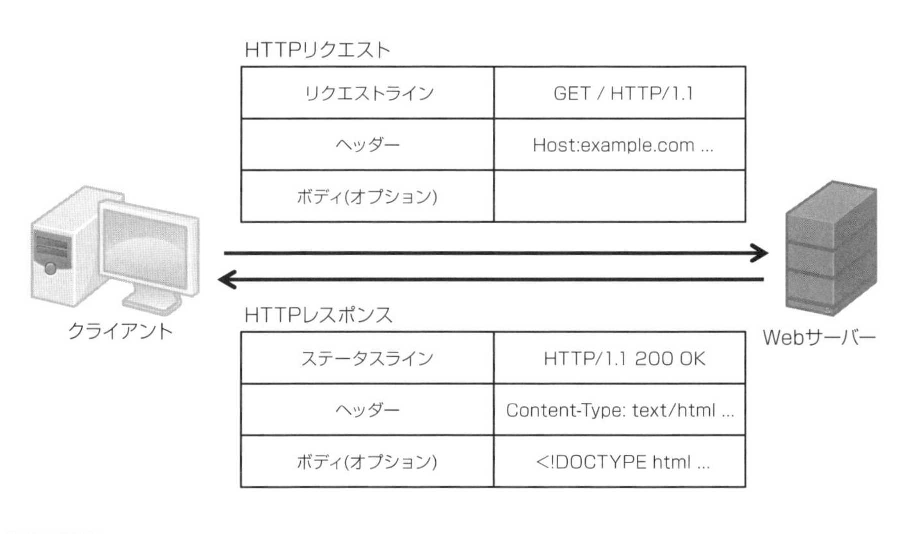

図5-1　HTTPを使ったデータのやりとり

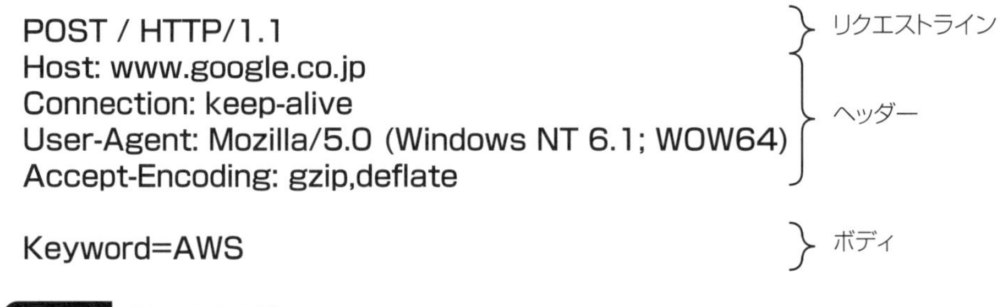

図5-2　リクエストの例

```
HTTP/1.1 200 OK                                    } ステータスライン
Date: Wed, 09 Apr 2023 06:38:47 GMT                }
Cache-Control: private, max-age=0;                 } ヘッダー
Content-Type: text/html; charset=UTF-8             }
Server: gws                                        }

<html><body>…                                      } ボディ
```

図5-3　レスポンスの例

②レスポンス

「ステータスライン」「ヘッダー」「ボディ」で構成されます（図5-3）。

ステータスラインは、その要求の成否を返すものです。冒頭の1行です。正常に終了すれば「200 OK」というステータスが返されます。見つからないときは「404 Not Found」、サーバー側で何かしらのエラーが発生したときは「500 Internal Server Error」が返されます。

ヘッダーは追加情報を返すために利用されます。よく使われるものとして、ボディ部の種類を示す「Content-Typeヘッダー」や、ボディの長さを示す「Content-Lengthヘッダー」などがあります。多くの場合、複数行にわたります。

ボディは、要求されたURLに対するコンテンツです。HTMLのテキストや画像など、要求されたコンテンツデータそのものです。ヘッダーとボディとは、空行（改行だけの行）で区切られます。

5-2 ブラウザの開発者ツールで HTTPのやりとりをのぞいてみる

HTTPのやりとりは、いくつかのツールを使うと、実際に目で見ることができます。

ここでは、Chromeの開発者ツールを使ってみましょう。メニューから「その他のツール」→「デベロッパーツール」を選ぶと（もしくは［F12］キーを押す）、起動できます（**図5-4**）。

■ネットワーク通信を見る

まずは、ネットワーク通信を見てみましょう。ここでは、aws.amazon.comにアクセスして、どのような通信がされているのかを見てみます。

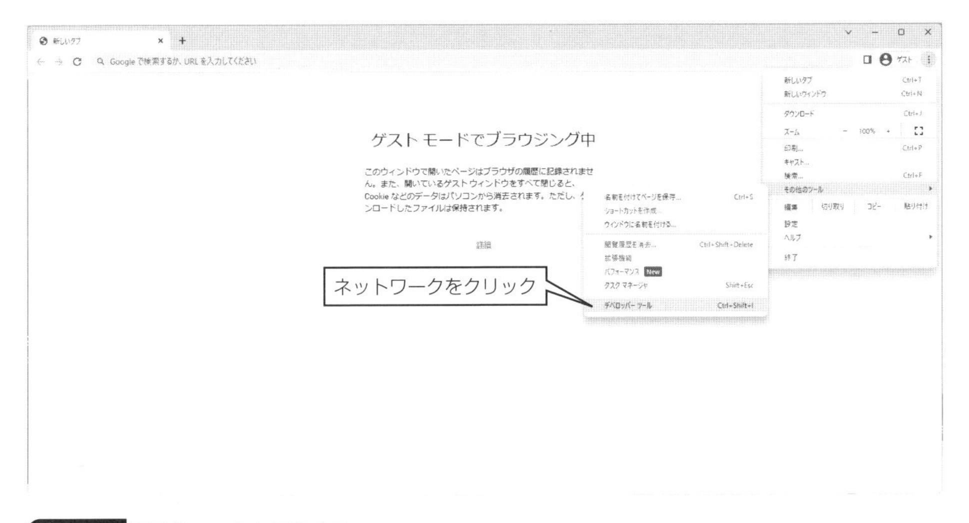

図 5-4　開発者ツールを起動する

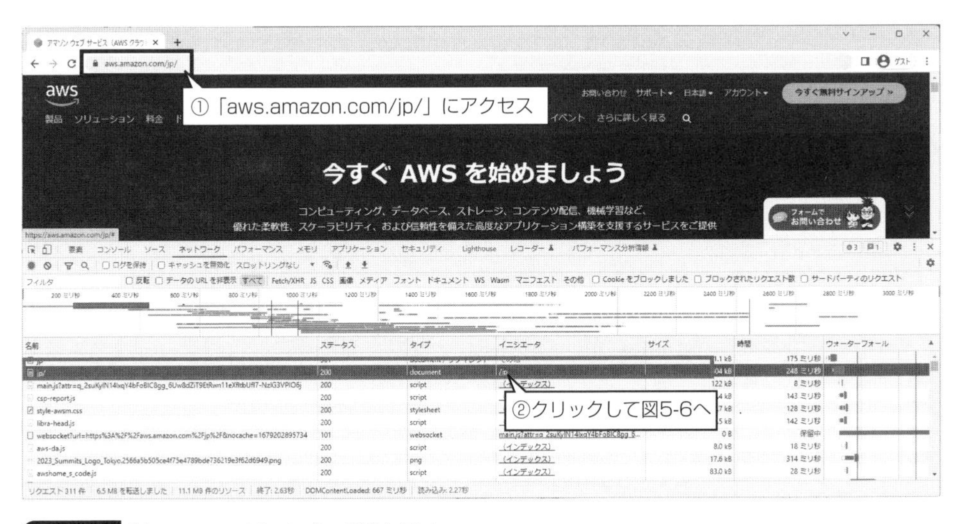

図 5-5　［ネットワーク］タブで状態を見る

［ネットワーク］タブを開いた状態で、「https://aws.amazon.com/jp/」にアクセスしてみましょう。このページには、CSSや画像が含まれるため、それらを取得するために、たくさんの通信が表示されるはずです。

このなかから、「aws.amazon.com/jp/」をクリックすると、このサイトのトップページにアクセスしたときの状態を見られます（**図 5-5**）。

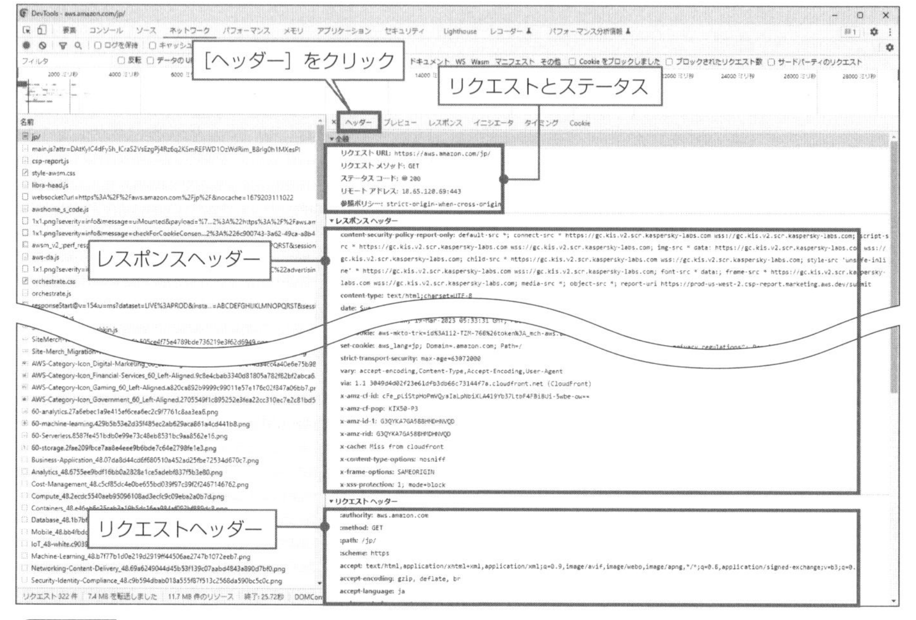

図 5-6　HTTP のヘッダー情報を確認する

Memo 一度アクセスしたサイトはキャッシュされるため、開発者ツールでは、その情報が表示されることがあります。そのようなときは、ブラウザのアドレス欄（URL が入力されている部分）で、[Shift] キーを押しながら［更新］ボタンをクリックして再読込してください。

■HTTP のやりとりをのぞいてみる

まずは、ブラウザ（Chrome）が、この URL を要求するときに、どのようなリクエストとレスポンスがやりとりされているのかを見てみましょう。

●ヘッダー部を確認する

［ヘッダー］タブをクリックすると、次の出力を見ることができます（**図 5-6**）。

【aws.amazon.com にアクセスしたときのヘッダータブの出力】

```
リクエスト URL:https://aws.amazon.com/jp/     <- このリクエストの対象URL
リクエスト　メソッド:GET                      <- HTTPメソッドはGET
ステータスコード:200 OK                      <- HTTPステータスコード。200は成功を表す
レスポンス　ヘッダー:......           <- レスポンスに付与されたヘッダー（キーバリュー形式で表示）
リクエスト　ヘッダー:.....           <- リクエストに付与されたヘッダー（キーバリュー形式で表示）
```

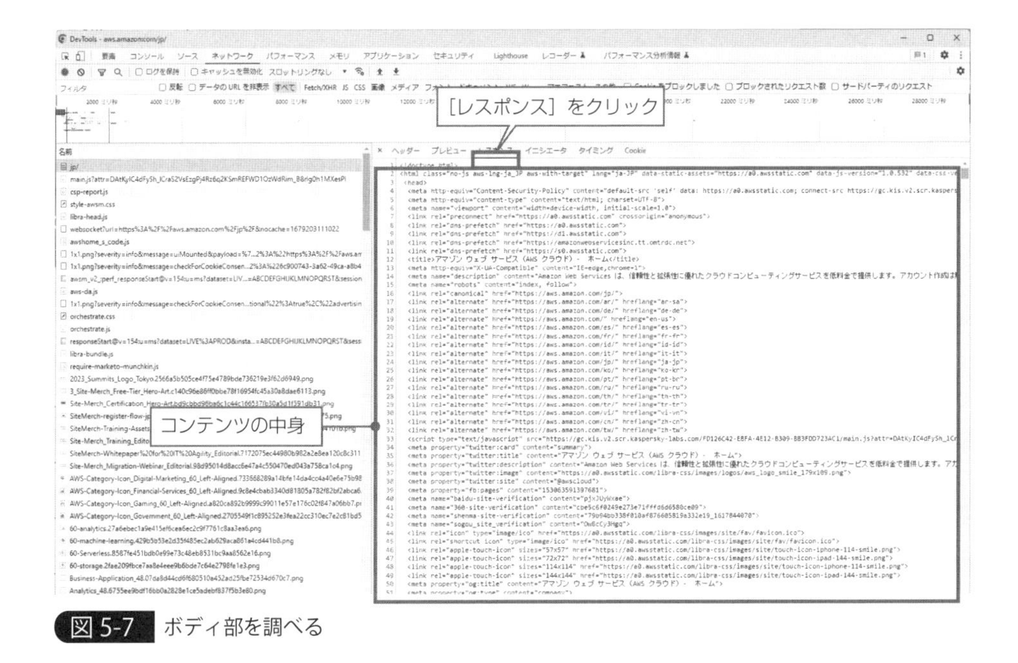

図5-7　ボディ部を調べる

Memo キーバリュー形式とは、「キー（Key：項目）」と「バリュー（Value：値）」の組み合わせで構成されるデータのことです。

上記の結果は、「https://aws.amazon.com/jp/」に対してGETというHTTPメソッドを使ってコンテンツをリクエストし、コンテンツの取得に成功したということを示しています。

なお、ここに表示されている情報は、先ほど触れた、リクエスト（リクエストライン、ヘッダー、ボディ）とレスポンスの一部（ステータスコードとヘッダー）が解釈されたものです。

厳密にいうとリクエストラインやリクエストのボディはヘッダーではありませんが、開発者ツールでは、ヘッダーと一緒に確認できます。

●ボディ部を確認する

ボディ部のデータは、［レスポンス］タブで確認できます。これは、HTMLのデータそのものです（図5-7）。

■リクエストとレスポンスの詳細

以下、「HTTPメソッド」「HTTPステータスコード」「リクエスト／レスポンスヘッダー」について、さらに詳細に見ていきましょう。

●HTTPメソッド

HTTPメソッドとは、コンテンツに対する操作コマンドのことです（**表5-1**）。多くの場合「GET」または「POST」が使われます。

ブラウザのアドレス欄にURLを入力してアクセスしたり、画像を参照したり、リンクをクリックして飛んだりしたときなど、コンテンツを取得するときに一般に使われるのが「GETメソッド」です。

「POSTメソッド」は、<form method="post">と記述されている入力フォームでデータを送信するときなどに使われます。POSTメソッドでは、入力フォームに入力されたデータなど、「クライアントからWebサーバーに向けて送信するデータ」をボディ部に付けて送信します。ボディ部には、任意のデータを付けられるため、ファイルの送信も可能です。

これ以外にも、表5-1に示すHTTPメソッドが使われています。

●HTTPステータスコード

HTTPステータスコードは、結果の成否を示す値です。3桁の数字で構成され、百の位の数字で大まかな成否が決まり、残りの桁で詳細なステータスが決まります（**表5-2**）。

成功したときは、一般に「200 OK」が返ります。しかしリダイレクトする場合には、「301」「302」「303」のコードが返されることがあります。またコンテンツが更新されていないときは、「304」のコードが返されることもあります。

「301」「302」「303」の応答を受け取った場合、ブラウザは、自動的に指定されたリダイレクト先に再接続して、コンテンツを取得しようとします。

メソッド	意味
GET	リソースを取得する
POST	リソースにデータを送信したり、子リソースを作成したりする
HEAD	リソースのヘッダー情報だけを得る（ボディ部が送信されてこない。たとえば、更新日時などステータスだけ取得したいときに用いる）
PUT	リソースを更新したり、作成したりする
DELETE	リソースを削除する
OPTIONS	サーバーがサポートしているメソッドを取得する
TRACE	自分宛にリクエストメッセージを返してループバックテストする
CONNECT	プロキシ動作のトンネル接続を変更する

表5-1　HTTPメソッド一覧

コード	意味	解説
1xx	処理中	何か処理中のことを伝えるときに用いる。あまり使われない
2xx	成功	成功したことを示す。「200 OK」がよく使われる
3xx	リダイレクト	別のURLにリダイレクトする。「301 Moved Permanently」（永続的な移動）、「302 Found」（一時的な移動）、「303 See Other」（他を参照せよ）、「304 Not Modified」（コンテンツは、If-Modified-Sinceヘッダーで指定された日時から更新されていない）などが代表的
4xx	クライアントエラー	クライアント側のリクエストにエラーがある。「401 Unauthorized」（認証が必要）、「403 Forbidden」（アクセス禁止）、「404 Not Found」（指定されたリソースが見つからない）などが代表的
5xx	サーバーエラー	サーバー側のエラー。「500 Internal Server Error」（内部的なエラー。CGIのエラーでも使われる）や「503 Service Unavailable」（一時的に接続できないときや、サーバーが受け入れ可能な接続数を超えたときなど使われる）などがある

表5-2　HTTPステータスコード

Column　HTTPからHTTPSへのリダイレクト

近年は、セキュリティを高めるため、「http://」でアクセスしてきたときに「https://」（SSL／TSLで暗号化された通信）にリダイレクトする実装が流行です。

そのように構成されたWebサーバーは、「http://」でアクセスしたときに、次のように「301 Moved Permanently」というステータスコードを返すように実装されています。

```
HTTP/1.1 301 Moved Permanently
Date: Mon, 27 Feb 2023 06:52:36 GMT
Location: https://www.example.co.jp/
…略…
```

リダイレクト先は、Locationヘッダーで示されます。つまり、この例では、ユーザーは、「https://www.example.co.jp/」へとリダイレクトされます。

●リクエストヘッダー

リクエストヘッダーは、クライアントからサーバーに送信するときに送られるヘッダーです。たとえば、https://aws.amazon.com/ へのHTTPリクエストに付与されるヘッダーは以下のようなものです。

```
authority: aws.amazon.com
:method: GET
:path: /jp/
:scheme: https
accept:  text/html,application/xhtml+xml,application/xml;q=0.9,image/
avif,image/webp,image/apng,*/*;q=0.8,application/signed-exchange;v=b3;q=0.7
accept-encoding: gzip, deflate, br
accept-language: ja
cache-control: no-cache
cookie: ・・・略・・・
・・・略・・・
user-agent: Mozilla/5.0 (Windows NT 10.0; Win64; x64) AppleWebKit/537.36
(KHTML, like Gecko) Chrome/111.0.0.0 Safari/537.36
```

よく使われるリクエストヘッダーには、次のものがあります。

・Hostヘッダー／:authority疑似ヘッダー

Hostヘッダー、もしくは、:authority疑似ヘッダーは、要求を送ろうとするホスト名を記述します。

```
:authority: aws.amazon.com
```

HTTPには、「HTTP 1.0」「HTTP 1.1」、そして、「HTTP/2」の3つのバージョンがあります。

「HTTP 1.0」や「HTTP 1.1」のときは、Hostヘッダーが使われます。「HTTP/2」のときは、「:authority疑似ヘッダー」が使われます。

Column　HTTP/2と疑似ヘッダー

HTTP 1.0やHTTP 1.1は、1つのコンテンツをやりとりするたびに接続をし直すやり方で送受信するのが基本です。対してHTTP/2は、1つの接続で複数のコンテンツを並行してやりとりする方式で、従来の通信方式に比べて効率良くコンテンツを転送できます。

HTTP/2における疑似ヘッダーは、HTTP 1.1におけるリクエストラインやステータスラインなどに記述されていた情報で、「:」から始まります。次のものがあります。

疑似ヘッダー	対応するHTTP 1.1の仕様	意味
:authority	Host	要求を送ろうとするホスト名
:method	リクエストラインのメソッド名	表5-1に示したGET、POSTなどのメソッド
:path	リクエストラインのパス名	要求したいURLパス
:scheme	接続時のスキーマ情報	httpやhttps
:status	ステータスライン	表5-2に示したステータスコードなどを含むステータス行

Chromeの最新版は「HTTP/2」に対応しており、https://aws.amazon.com/jpも同様に対応しているため、HTTP/2で通信した結果が表示されます。

・User-Agentヘッダー

User-Agentヘッダーは、ブラウザの種別を示します。

Webシステムを構築するときは、このUser-Agent文字列をもとにブラウザやOSを判断して、処理分岐を実装することがあります。

```
Mozilla/5.0 (Windows NT 10.0; Win64; x64) AppleWebKit/537.36 (KHTML, like
Gecko) Chrome/111.0.0.0 Safari/537.36
```

・Cookieヘッダー

Cookieヘッダーは、Cookie情報を送信するもので、「サーバー側から、以前にSet-Cookieヘッダーで送信されてきたものと同じデータ」を、そのまま返す役割をします。

```
cookie: aws-priv=XXXX; aws_lang=jp;･･･;
```

Cookieは、たとえば、ユーザーがログインしたときに、そのログイン情報を保存するときなどに使われます。

つまり、Cookieにはログインしたユーザーと結びつける情報が格納されていることがあり、Cookieが漏洩すると、第三者が自分に成りすましてしまう危険があります。

●レスポンスヘッダー

レスポンスヘッダーは、サーバーからクライアントに返すときに送信される情報です。

下記の例は、先ほどと同じくhttps://aws.amazon.com/へのリクエストに対するレスポンスのヘッダーです。

```
content-type: text/html;charset=UTF-8
date: Sun, 19 Mar 2023 05:36:24 GMT
last-modified: Wed, 08 Mar 2023 10:21:01 GMT
server: Server
set-cookie: ･･･略･･･
vary: accept-encoding,Content-Type,Accept-Encoding,User-Agent
･･･略･･･
```

よく使われるレスポンスヘッダーには、次のものがあります。

・Content-Typeヘッダー
ボディ部のコンテンツの種類を示します。

```
content-type: text/html;charset=UTF-8
```

「text/html」であれば、HTMLとしてユーザーに表示します。画像なら「image/jpeg」や「image/png」などとなります。PDFファイルなら「application/pdf」です。「application/octet-stream」が返されたときは、多くのブラウザは、ファイルを保存するダイアログボックスを表示します。

このようなコンテンツの種類は、「MIMEタイプ（Multipurpose Internet Mail Extension Type）」とも呼ばれ、その一覧は、IANAのWebサイト（https://www.iana.org/assignments/media-types/media-types.xhtml）で確認できます。

Memo Apacheを含む、ほとんどのWebサーバーは、静的なコンテンツを返すとき、そのファイルの拡張子によって、適切なContent-Typeヘッダーを返すように構成されています。この設定が間違っていると、クライアント側でファイルが開けなかったり、いつもと違うアプリケーションが起動してしまったりという問題が起きます。

・Dateヘッダー
コンテンツの日付を示します。

```
date: Sun, 19 Mar 2023 05:36:24 GMT
```

・Set-cookieヘッダー
Cookieを設定します。

```
set-cookie: key1=value1; key2=value2;…
```

このようなSet-cookieヘッダーが付いていた場合、次回、同じサイトにアクセスするときには、ブラウザは、リクエストヘッダーに、

```
cookie: key1=value1; key2=value2;…
```

という値を付けて要求を出します。

この仕組みによって、サーバー側では、アクセスしてきたユーザーを追跡できます。

5-3 Telnetを使ってHTTPをしゃべってみる

ここまではブラウザがHTTPプロトコルで通信するところを見てきましたが、自らの手を動かして、HTTPプロトコルで通信することもできます。

そのために必要なものは、Telnetクライアントだけです。

Telnetとは、汎用的な双方向8ビット通信を提供する端末間およびプロセス間の通信プロトコルで、リモートコンピュータとやりとりするための仕組みです。暗号化されていないSSHだと思ってください。ルーターにログインして各種設定をするときなどに、よく使われています。

Telnetクライアントは、単純にテキストをやりとりする機能だけを持ちます。

ふつうの使い方では、接続先は、Telnetサーバーです。TelnetサーバーはSSHサーバーと同様に、ログインおよび何らかのコマンドを受け付けます。

しかし接続先を変更すると、任意のサービスに接続できます。

たとえば、HTTPのウェルノウンポートである80番に接続して、HTTPプロトコルに従っ

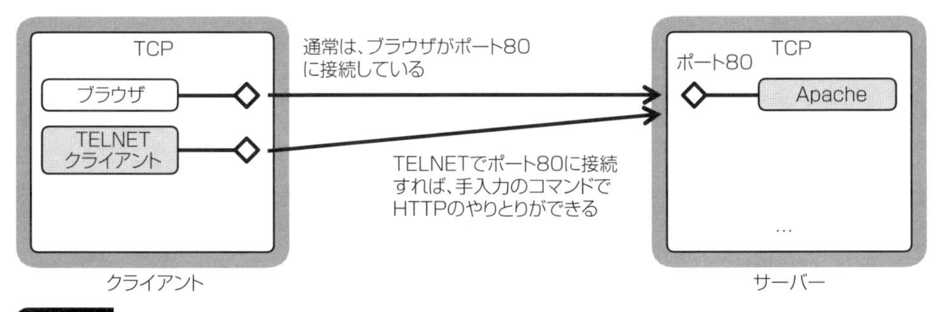

図5-8 Telnetクライアントで Webサーバーに接続する

て文字列を送れば、サーバーからHTTPのレスポンスを得ることができます（**図5-8**）。
実際にやってみましょう。
とはいえ近年では、SSL/TLSによる暗号化しかサポートしないサイトも多く、HTTPプロトコルを体験することは難しくなりました。そこで、CHAPTER4でインストールしたApacheのサーバーに、Telnetクライアントで接続して試してみましょう。
具体的には、CHAPTER4で作成したサーバー（EC2インスタンス）に、Telnetクライアントをインストールし、それを使って、自身のポート80番に接続します。
Rloginやターミナルで、CHAPTER4で作成したEC2インスタンスに対してSSHでログインし、次の手順で進めます。

● Telnetクライアントをインストールする

Amazon Linux 2023には、Telnetクライアントはインストールされていません。そこでまず、次のコマンドを入力して、Telnetクライアントをインストールします。

```
$ sudo dnf -y install telnet
```

● telnetコマンドで自身にHTTPで接続する

これで、telnetコマンドが使えるようになります。次の手順で、HTTPプロトコルを体験します。

[1] ポート80で接続する

サーバー上で、次のコマンドを入力します。

```
$ telnet localhost 80
```

「localhost」は「自分自身」を示す、特別な名前です。そして「80」は、ポート80のことです。このコマンドを入力すると、Telnetクライアントで、自身のポート80番に接続されます。このサーバーでは、ポート80番でApacheが動いているはずなので、そこにつながります。

Memo Apacheを起動していない状態では、もちろんつながりません。うまくいかないときは、CHAPTER4で説明したように「sudo systemctl start httpd.service」と入力して、Apacheを起動してから、再度、試してください。

[2] コマンドを入力する

接続すると、コマンドを受け付けている状態になります。次のように入力します。

```
GET / HTTP/1.1[Enter]
Host: localhost[Enter]
[Enter]
```

HTTPプロトコルでは、「文字が入っていない行（空行）」で、「リクエストライン / ヘッダー」と「ボディ」を分けるため、最後に［Enter］キーを2回押さなければならないので注意してください。GETメソッドの場合、ボディは扱わないので、2回目の［Enter］キーを押した時点でコマンドが受理され、レスポンスが返ってきます。

[3] 結果が表示される

サーバーから、いくつかのヘッダーとともに、先ほど見た、「It's works!」のコンテンツが戻ってくるのがわかります（**図5-9**）。これがサーバーからの応答です。

上記の手順では、まず、自身であるlocalhostのサーバーにポート80番で接続しました。ここまではIPアドレスを使った接続であり、HTTPの外側の話です。

接続したら、次の文字列をキーボードから入力しました。ここからがHTTPのやりとりです。

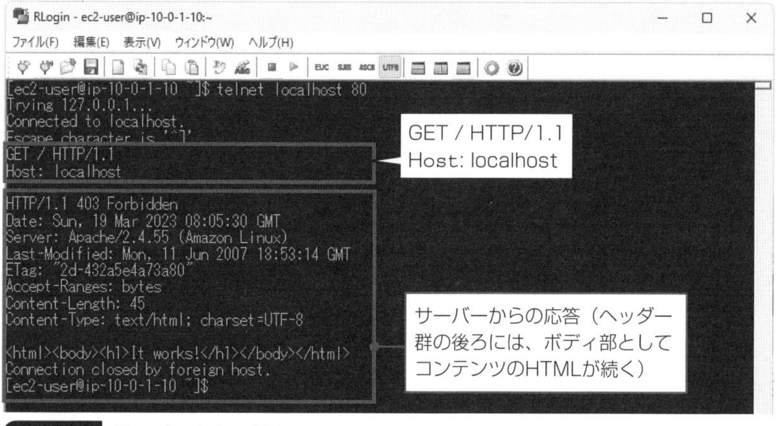

図5-9 サーバーからの結果

```
GET / HTTP/1.1[Enter]
Host: localhost [Enter]
[Enter]
```

「GET / HTTP/1.1」という文字列は、① HTTPのバージョン1.1を用いて、②「/」（ルート）というコンテンツを、③ GETメソッドでアクセスする、という意味のコマンドです。さらに次の行ではHostヘッダーを渡し、対象のサーバー名を指定しています。

この結果として、サーバーからは、HTMLを含んだHTMLレスポンスが戻ってきました。

Webブラウザでも、Telnetを使って試したのと同じやりとりが、裏で行なわれています。

5-4 まとめ

この章ではまず、Chromeの開発者ツールを使ってHTTPプロトコルの概要を知り、そのあとTelnetクライアントを使ってHTTPプロトコルで通信してみることで、WebブラウザとWebサーバー間では、どのような通信がされているのか見てきました。

Telnetを使って実際にHTTPをしゃべりましたが、Webブラウザの気持ちになれたでしょうか？

通信プロトコルというと難しそうなイメージを持つかも知れませんが、ここまで見てきた通り、実は非常に単純なテキストプロトコルです。

Web APIを使った開発や、Webアプリケーション、API自体の開発をするにはHTTPの理解が必須です。開発者の多くは、APIを開発するときにはChromeの開発者ツールなどを使って通信をのぞき見ながら、開発しています。

次の章では、インターネットから見えないプライベートなネットワークを構築し、セキュリティを高める手法を説明します。

Column 今度は HTTP サーバーの気持ちになってみる

HTTP プロトコルで、もう少し遊んでみましょう。

ここまでは Telnet を使ってクライアントとして HTTP をしゃべってみました。ここでは、逆にサーバーとして HTTP をしゃべってみましょう。リクエストヘッダーを跳ね返すプログラムを自作してサーバーに配置して動かしてみます。

そのプログラムに Telnet で接続し、どのような結果が得られるのかを見てみます。
（この節は、中級者向けのものです。わかりにくければ、いったん、ここは飛ばして読み進んでください）

■カスタム化した Web プログラムを作る

ここでは、node.js を使って、簡単な Web サーバーを作ってみます。node.js を選んだのは、数行で簡単に Web サーバーを書けるため、生の HTTP をデバッグしたり触ってみたりするのに適しているからです。

Memo node.js（https://nodejs.org/、日本語サイトは https://nodejs.jp/）は、JavaScript でサーバーサイドのプログラムを作れる開発・実行環境です。ブロックしない I/O 処理を実現し、高速で大量のアクセスをさばけます。

実際に作ったものが、**図 5-A** です。図 5-A は、ポート 8080 で HTTP リクエストを受け付け、リクエストを受け取ると、そのリクエストのヘッダーとボディを抽出して、JSON 形式のレスポンスとして返します。

Memo JSON 形式とは、JavaScript のオブジェクトと同じ書式でデータを表現する記法です。RFC8259 で提唱されています（https://www.ietf.org/rfc/rfc8259.txt）。

```
var http = require('http');
http.createServer(function(req,res){

    var data = {
        RequestHeader: req.headers
    };

    if(req.method == 'GET'){
        response(res,data);

    }else if(req.method == 'POST'){
        req.on('data',function(body){
            data.RequestBody = body.toString();
            req.on('end',function(){
                response(res,data);
            });
        });
    }

}).listen(8080);

function response(res,data){
    var json = JSON.stringify(data);
       res.writeHead(200,{'Content-Type':'application/json','Content-
Length':json.length});
    res.end(json);
}
```

図5-A　ヘッダーとボディを抽出してJSON形式のレスポンスとして返す例（app.js）

● node.jsの実行環境を作る

まずは、node.jsの実行環境を作ります。ここでは、CHAPTER4でWebサーバーとして構築したインスタンスに、node.jsの実行環境を作ります。

インスタンスにSSHでログインし、次のように操作してください。

Memo　依存関係はないため、CHAPTER4で作成したWebサーバーのインスタンスではなく、別のインスタンス、もしくは、他のサーバー上で実行してもかまいません。

Memo　図5-Aのプログラムやnode.jsの実行には、root権限を必要としません。ec2-userユーザーのままインストールおよび実行できます。なぜなら、待ち受けしているポート8080番は、一般ユーザーでも利用できる1024番以上であるためです（1023番以下は、root権限でしか使えません）。

【手順】node.js をインストールする

[1] nvm（ノードバージョンマネージャ）をインストールする

次のコマンドを入力して、nvm をインストールします。nvm は、Node.js の複数バージョンのインストールや切り替えができるツールです。下記では、バージョン 0.39.3 をインストールしています。最新情報については、README（https://github.com/nvm-sh/nvm/blob/master/README.md）を参照してください（このページには、下記で入力しているコマンドも掲載されているので、そのままコマンドをコピペするのが簡単です）。

このコマンドを実行することで、カレントディレクトリ（~/）の .nvm ディレクトリに、nvm.sh という有効化するスクリプトが作られます。

```
$ curl -o- https://raw.githubusercontent.com/nvm-sh/nvm/v0.39.3/install.sh
| bash
```

[2] nvm を有効にする

手順［1］でできた nvm.sh を次のように実行して、nvm を有効にします。

```
$ . ~/.nvm/nvm.sh
```

[3] Node.js をインストールする

Node.js をインストールします。ここでは、バージョン番号に「18」を指定し、最新の LTS リリースであるバージョン 18.x をインストールします。

```
nvm install 18
```

■カスタム化した Web サーバーに Telnet で接続する

以上で、準備が整いました。まずは、図 5-A のプログラムを実行してみましょう。ここでは、図 5-A のプログラムを「app.js」という名前でサーバーに配置したとします。

この場合、次のコマンドを打ち込むと、実行できます。

```
$ node app.js
```

なお、実行している間は、コマンドプロンプトからは応答が戻りません。終了するには、[Ctrl] + [C] キーを押してください。

● GET メソッドで要求を送る

もうひとつ別の端末（Rlogin や Mac のターミナル）を実行して、SSH で接続します。そして、次のコマンドを実行します。

```
$ telnet localhost 8080
```

すると、本文中で Apache に接続したのと同じく、このテスト用のサーバーに接続するので、次のコマンドを入力します。

```
GET / HTTP/1.0[Enter]
User-Agent: OreOreAgent[Enter]
[Enter]
```

すると、次のレスポンスが戻ってきます。

```
{"RequestHeader":{"user-agent":"OreOreAgent"}}
```

このリクエストでは、リクエスト行のあとにUser-Agentヘッダーを付けたので、それがレスポンスとして表示されました。

Webサービスのサーバーアプリケーションを書いている開発者の方のなかには、User-Agentを判別するコードを書いたことがある人も多いでしょう。

近年のUser-Agentの判別処理は、多くの場合ウェブアプリケーションフレームワークなどで隠蔽されていますが、実際のUser-Agentの情報は、このような形でテキストとしてクライアント

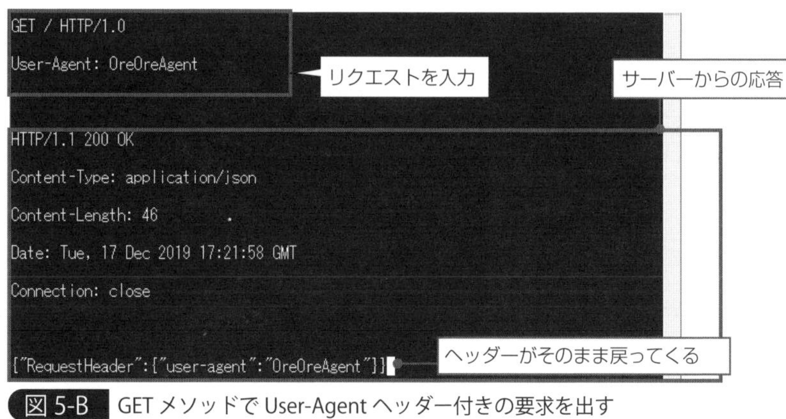

図5-B　GETメソッドでUser-Agentヘッダー付きの要求を出す

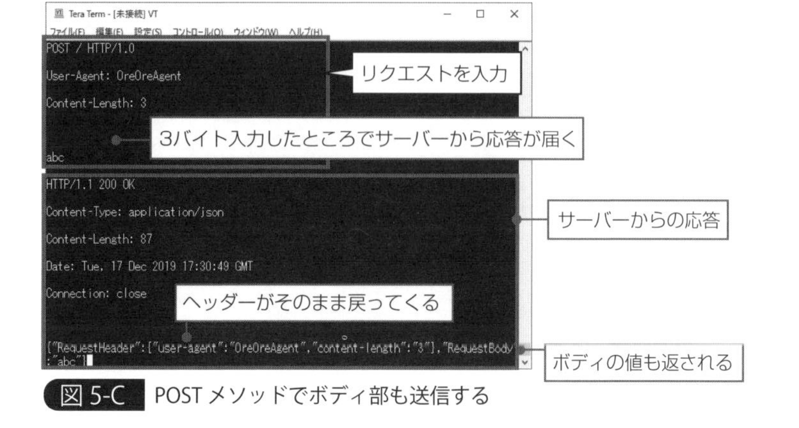

図5-C　POSTメソッドでボディ部も送信する

（Web ブラウザなど）から送られてきています（**図 5-B**）。

● POST メソッドで要求を送る

いまは GET メソッドで要求しました。今度は、POST メソッドで要求を送信してみましょう。Telnet でポート 8080 に接続したら、次のように入力してみてください。

```
POST / HTTP/1.0[Enter]
User-Agent: OreOreAgent[Enter]
Content-Length: 3[Enter]
[Enter]
abc
```

POST メソッドでは、リクエストを出す側（クライアント側）は、データの長さを示す「Content-Length ヘッダー」が必要です（リクエストを戻す側（サーバー側）は、Content-Length ヘッダーは必須ではありません）。ここでは「3」を入力しているので、3 バイトだけボディ部があります。

そのため、「abc」と 3 文字入力すると、そこで入力が完了したものと見なされ、サーバー側からは、次の応答が戻ってきます（**図 5-C**）。

Memo POST メソッドを使ってリクエストを送信するこの実験は、Telnet クライアントの種類によっては、サーバーからのデータを受け取る前に切断されることがあります。これは Telnet がもつ送受信バッファが原因です。

POST メソッドは、ふだん、HTML フォームからデータを送信したり、Web API でデータを送信したりする際に利用されています。

何気なく利用していますが、ここで示したように、送信されるデータは、ヘッダーのあとに空行をひとつ挟んだあとに送信されているのです。

CHAPTER6 プライベートサブネットを構築する

いくら万全の対策をしていても、インターネットに接続している限りは、攻撃を受ける可能性が少なからずあります。そこでセキュリティを高める方法として検討したいのが、インターネットから隔離したプライベートサブネットです。

データベースサーバーなどは、インターネットから隔離したプライベートサブネットに配置することで、安全性を高められます。

6-1 プライベートサブネットの利点

前章までで作成してきたWebサーバーには「パブリックIPアドレス」を割り当て、「パブリックサブネット」に配置しました。

パブリックサブネットは、インターネットゲートウエイ（Internet Gateway）を経由してインターネットに接続されています。つまり、ここに配置したWebサーバーは、インターネットからSSHやWebブラウザでアクセスできます。

しかしシステムを構成するサーバー群のなかには、インターネットから直接接続してほしくないものもあります。たとえば、データベースなどのバックエンドシステムは、その典型的な例です。

隠したいサーバーは、「インターネットから接続できないサブネット」に、配置するようにします。このようなサブネットのことを「プライベートサブネット」と呼びます。

プライベートサブネットを構築することで、サーバーを隠すことができ、セキュリティを高められます。

この章では、まず、プライベートサブネットを作り、そのサブネットにデータベースをインストールするためのサーバーを構築します（**図6-1**）。

Memo 図6-1の構成では、インターネットからプライベートサブネット内のサーバーに接続できないだけでなく、逆に、プライベートサブネット内のサーバーからインターネットに接続することもできません。これは、サーバーにソフトをインストールしたり、アップデートしたりするときに困ります。それ解決する方法として、「NAT」を使う手法がとれます。その詳細は、CHAPTER7で説明します。

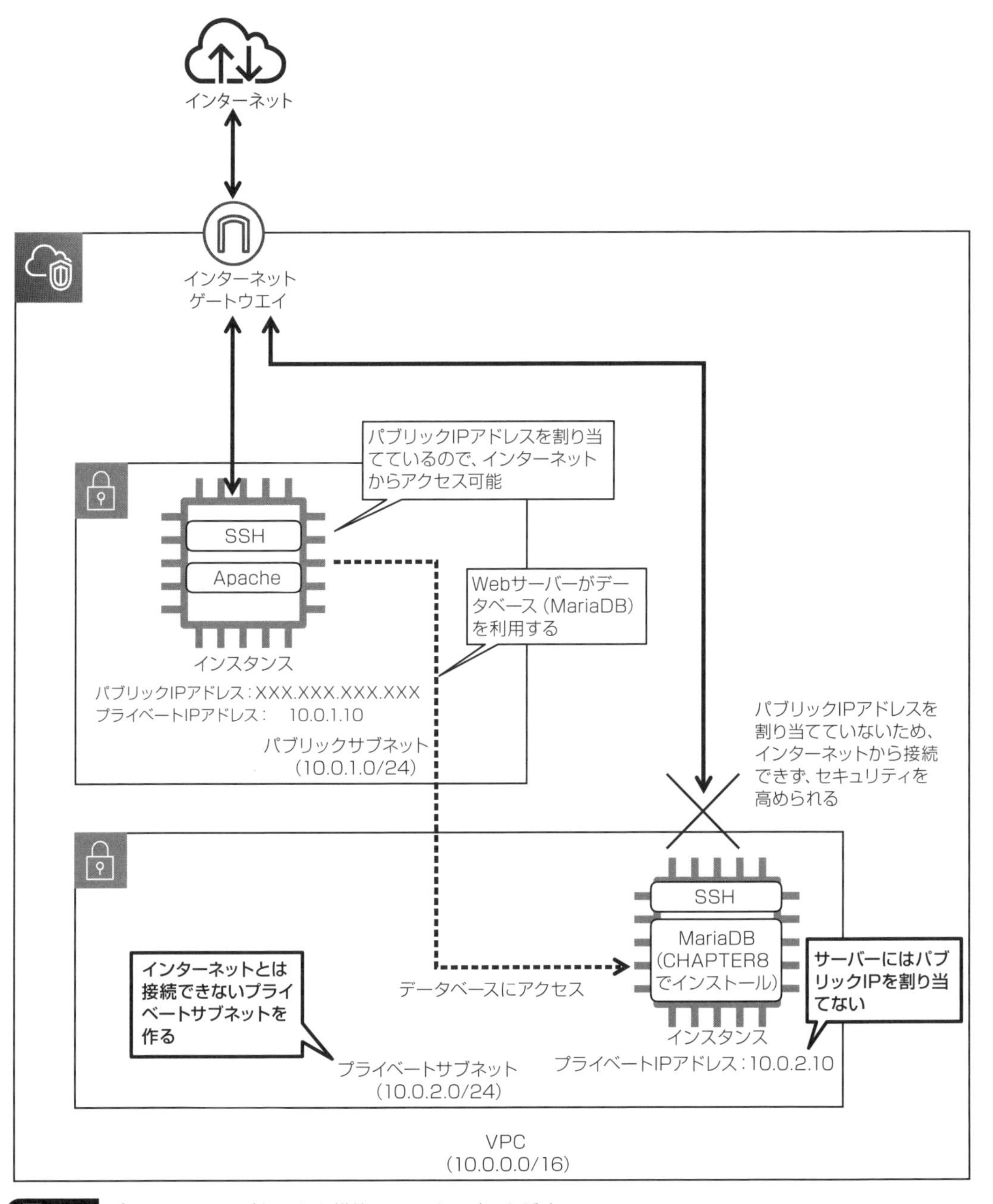

図 6-1　プライベートサブネットを構築して、サーバーを隠す

6-2 プライベートサブネットを作る

では実際に、プライベートサブネットを作っていきましょう。

前章までは、パブリックサブネットを「10.0.1.0/24」として構築してきました。この章で作成するプライベートサブネットは、「10.0.2.0/24」とします。

■アベイラビリティーゾーンを確認する

CHAPTER1では、AWSを構成する「リージョン」と「アベイラビリティーゾーン（AZ）」の概念について説明しました。

リージョンとは「データセンター群が配置されている地域」のことであり、それらのデータセンターを論理的にグループ化したものをアベイラビリティーゾーンと呼びます。

AWSのサービスは、いずれかのアベイラビリティーゾーン上で実行されます。Amazon VPCも例外ではありません。

Amazon VPCを使ってサブネットを構築すると、そのサブネットは、どこかのアベイラビリティーゾーン上に作られます。サブネット内に配置したインスタンスは、そのサブネットと同じアベイラビリティーゾーンに属します。

図6-1に示したように、これから構築する「プライベートサブネット」にはデータベースサーバーを置き、「パブリックサブネット」に存在するWebサーバーと通信するように構成していきます。

サブネットは別々のアベイラビリティーゾーンにあっても問題なく通信はできます。しかし、距離による遅延が増加したり、アベイラビリティーゾーン間の通信費用が発生したりしますので、注意する必要があります。

Memo それぞれのリージョンにいくつかのアベイラビリティーゾーンがあるのは、耐障害性を高めるためです。アベイラビリティーゾーン同士は、物理的に相当離れた場所に構築されており、異なるネットワークや電源網を用いていて、地震や洪水などで同時に影響を受けることがないように設計されています。本書ではパフォーマンスとコストの面から、同一のアベイラビリティーゾーンにサブネットを配置しますが、耐障害性を高めるために、あえて異なるアベイラビリティーゾーンに構築する手法も考えられます。アベイラビリティーゾーン同士は、高速な専用線で接続されているため、同一アベイラビリティーゾーンよりは速度が落ちるものの、レイテンシーは数ミリ秒に抑えられています。

そこで、パブリックサブネットが現在、どのアベイラビリティーゾーンに存在するのかを確認しておきましょう。AWSマネジメントコンソールで［VPC］タブを開き、［サブネット］の部分で確認できます（**図6-2**）。

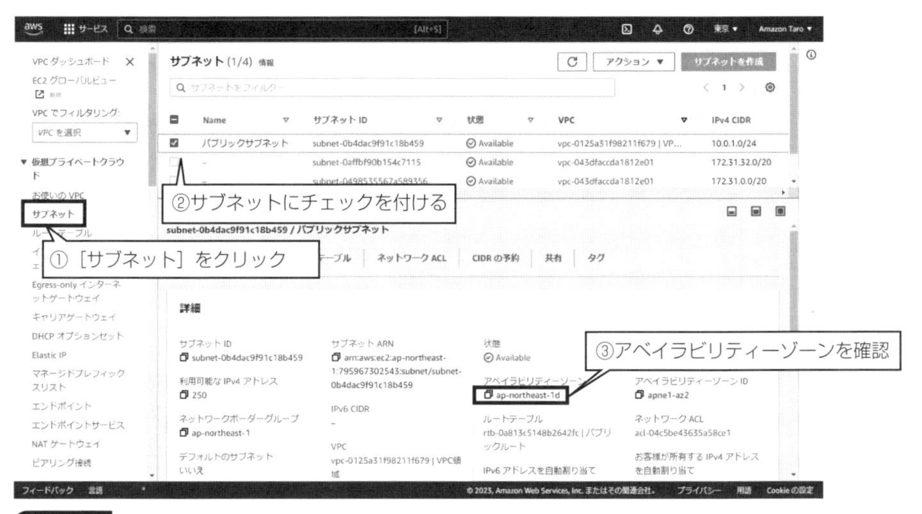

図6-2　パブリックサブネットのアベイラビリティーゾーンを確認する

図6-2の例では、「ap-notrheast-1d」というアベイラビリティーゾーンであることがわかります。この値は、環境によって異なります。環境に応じて、次節からの説明を読み替えてください。

■プライベートサブネットを作る

それでは、プライベートサブネットを構築していきましょう。次のように操作してください。

プライベートサブネットを構築するには、［サブネット］メニューを選び、［サブネットを作成］ボタンをクリックします。

「サブネット名」や「アベイラビリティーゾーン」「CIDRブロック」の入力欄があります。

「サブネット名」には、「プライベートサブネット」と入力してください。「アベイラビリティーゾーン」は、図6-2で確認したアベイラビリティーゾーンと同じものを選びます。「CIDRブロック」には、「10.0.2.0/24」と入力してください。

［サブネットを作成］ボタンをクリックすると、サブネットが作成されます（**図6-3**）。

■ルートテーブルを確認する

サブネットを作成した直後には、VPCに対して設定されている「メインルートテーブル」が適用されています。

メインルートテーブルは、［ルートテーブル］メニューを開いてルートテーブルを一覧表示したときに、［メイン］が［はい］に設定されているものです。

図 6-3　サブネットを作成する

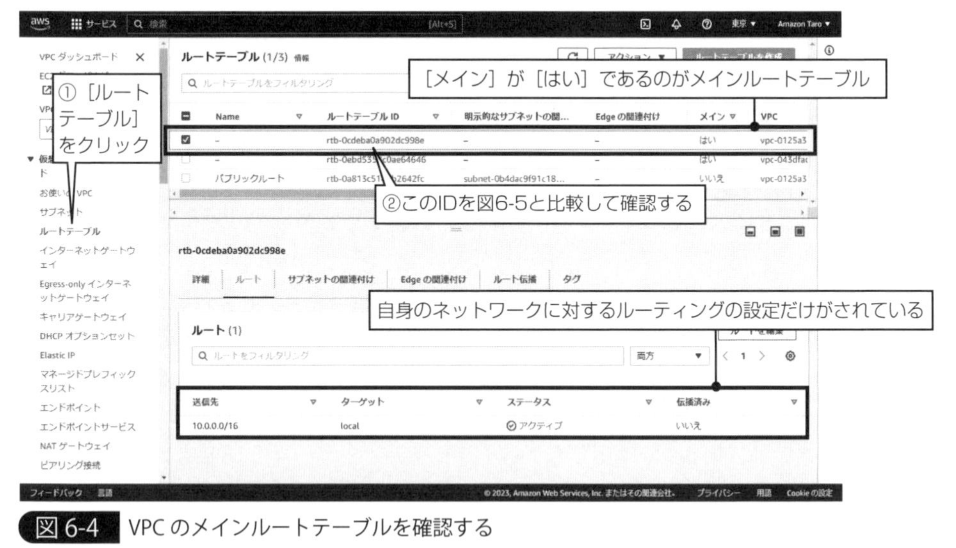

図 6-4　VPC のメインルートテーブルを確認する

デフォルトの状態では、「自身のネットワーク」に対してのルーティングだけが設定されています（**図 6-4**）。

いま作成した「プライベートサブネット」には、このルートテーブルが設定されます。この設定は、［サブネット］メニューから確認できます（**図 6-5**）。

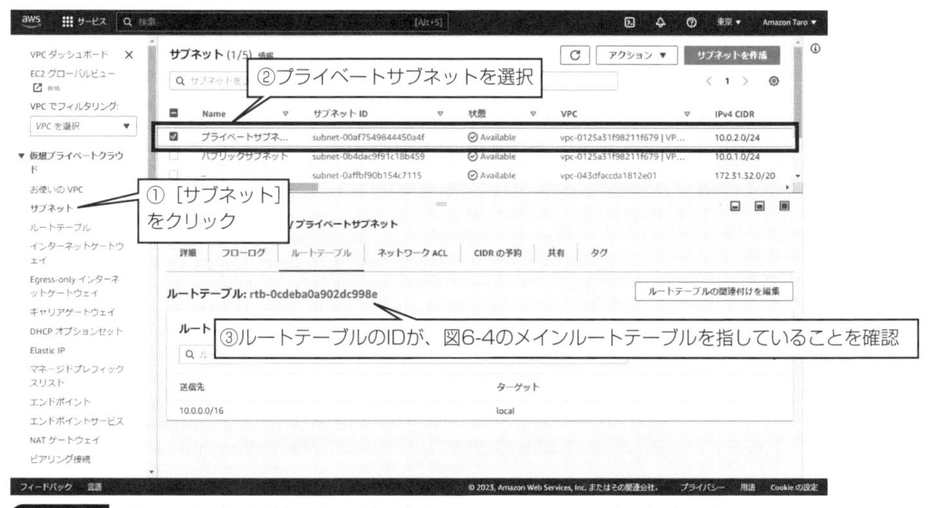

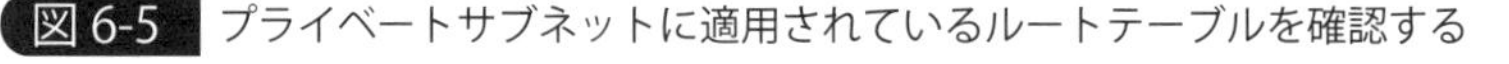
図 6-5 プライベートサブネットに適用されているルートテーブルを確認する

Memo メインのルートテーブルは、デフォルトのVPC用と、CHAPTER2で作ってきたVPC領域用の2つがあります。「VPC」の欄に、適用されているVPC名が「ID | VPC領域」のように表示されているので区別できます。

プライベートサブネットは、CHAPTER2で作成したパブリックサブネットと違ってインターネットに接続しないため、デフォルトのルートテーブルのまま、変更する必要がありません。そこで、このままデフォルトの構成とします。

もし必要があるならば、「2-4 インターネット回線とルーティング」で説明したのと同様の方法で、新たにルートテーブルを作成して、それをサブネットに割り当てることもできます。

6-3 プライベートサブネットにサーバーを構築する

プライベートサブネットができたら、次にサーバーを構築します。

Memo AWSの1年間の無料利用枠で利用できるLinuxサーバーは1台です。すでにCHAPTER4で1台作成しているので、ここで作成するEC2インスタンスは無料ではなく、課金の対象となります。

図 6-6　インスタンスを作成する

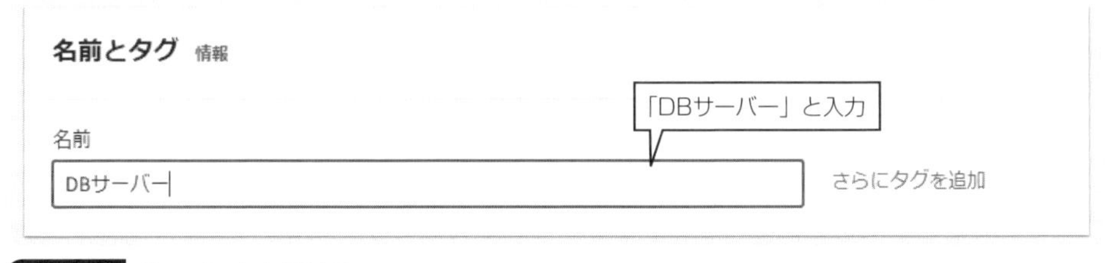

図 6-7　サーバー名を付ける

■サーバーを構築する

［EC2］メニューの［インスタンス］メニューから［インスタンスを起動］をクリックして、新しいインスタンスを作成してください（**図 6-6**）。インスタンスの作成方法は「3-1　仮想サーバーを構築する」の手順とほぼ同じなので、操作が異なる部分だけを記述します。

●名前とタグ

このサーバーは、CHAPTER8 で MariaDB をインストールして、データベースサーバーとして用います。そこで、「DB サーバー」という名前を付けることにします（**図 6-7**）。

●ネットワーク設定

大きく異なるのは、「インスタンスの作成先の VPC」と「IP アドレス」です。

図 6-8　VPC とサブネット

図 6-9　プライベート IP アドレス

① VPC とサブネット

VPC では、CHAPTER2 で作成した「VPC 領域」を選択します。そしてサブネットには、いま作成した「プライベートサブネット」を設定します（**図 6-8**）。

② IP アドレス

作成するインスタンスは、インターネットから直接、接続させないので、［パブリック IP の自動割り当て］は、「無効化」または「サブネット設定を使用（無効）」を選んでください。

プライベート IP アドレスは、［高度なネットワーク設定］の部分で設定します。今回は、このインスタンスに、「10.0.2.10」という IP アドレスを割り当てます（もし設定を省略したときは、自動的に空いている IP アドレスが割り当てられます）（**図 6-9**）。

Memo 「10.0.2.10」は、便宜的に用いている値です。プライベートサブネットである「10.0.2.0/24」に属するなら、「10.0.2.30」や「10.0.2.40」など、どのようなIPアドレスでもかまいませんが、本書では、「10.0.2.10」で進めます。

●セキュリティグループを設定する

セキュリティグループは、インスタンスに対するファイアウォールの設定です。ここでは新規に「DB-SG」という名前のセキュリティグループを作ります。

デフォルトのセキュリティグループの設定では、SSHプロトコルだけを通します。今回は、CHAPTER8でインストールする予定のMariaDBの通信も許したいので、MariaDBの通

図6-10　セキュリティグループを設定する

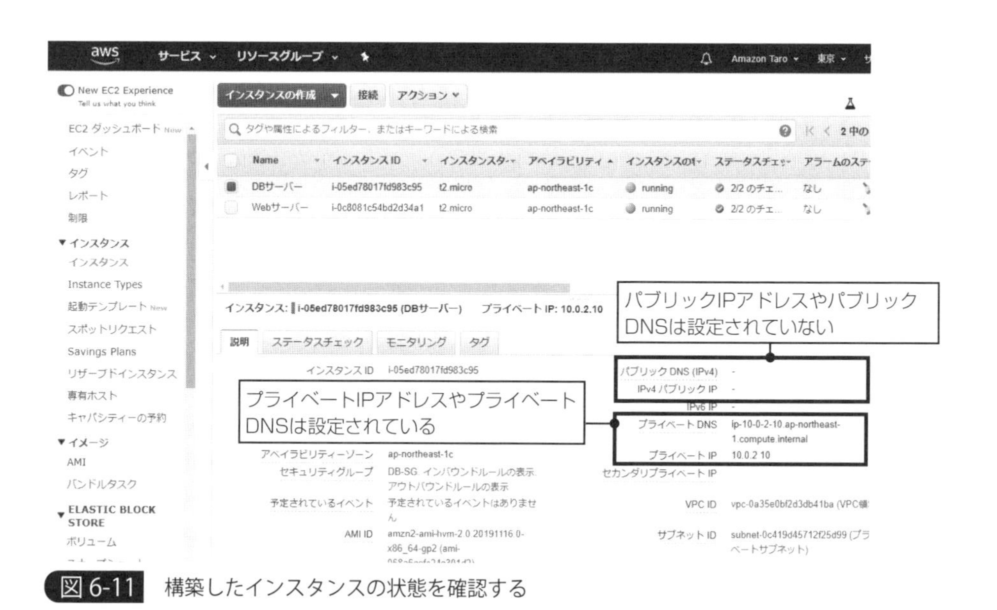

図6-11　構築したインスタンスの状態を確認する

信ポートである「3306」を通す設定を追加してください（図6-10）。

［ソース］には、どこからでも接続できるという意味の「任意の場所」を指定します。このほか、「Webサーバーの IP アドレスだけ」、もしくは、「パブリックサブネットの CIDR」を指定して接続元を限定すれば、さらにセキュリティを高めることもできます（本書では、次の章で NAT を構築し、そこからアクセスする例を示すため、Web サーバーの IP アドレスだけに制限せず、「任意の場所」の設定にしておいてください）。

Memo セキュリティグループでは、IP アドレスや CIDR 指定のほか、セキュリティグループも送信元として指定できます。たとえば、本書では、パブリックサブネットに「WEB-SG」というセキュリティグループを設定してあるので（「3-1　仮想サーバーを構築する」を参照）、MariaDB に対するファイアウォール設定のソースには、この WEB-SG を設定することもできます。ソースにセキュリティグループを指定する手法は、AWS を用いた設計で、よく使われます。

以上で主要な設定は終わりです。

インスタンスを起動して状態を確認すると、①パブリック DNS 名やパブリック IP アドレスを持たないこと、② 10.0.2.10 のプライベート IP アドレスおよびそれに対応するプライベート DNS 名をもっていること、がわかります（図6-11）。

このインスタンスには、CHAPTER8 でデータベースをインストールする予定なので、以下、「DB サーバー」と呼びます。

■ping コマンドで疎通確認できるようにする

では、このDBサーバーが、Webサーバーからアクセスできるかどうかを確認してみましょう。

サーバー間での疎通を確認するときに、よく用いるのが「ping コマンド」です。

ping コマンドでは、「ICMP（Internet Control Message Protocol）」というプロトコルを用います。

ping コマンドを実行すると、ネットワーク疎通を確認したいホストに対して「ICMP エコー要求（Echo Request）」というパケットを送信します。それを受け取ったホストは、送信元に対して「ICMP エコー応答（Echo Reply）」というパケットを返信します。

ping コマンドでは、この「ICMP エコー要求」と「ICMP エコー応答」のやりとりから、疎通を確認したり、相手に届くまでの時間を計測したりします。

●ICMP が通るように構成する

AWSのデフォルトのセキュリティグループの構成では、ICMP プロトコルは許可されていません。

そこで、いま作成したDBサーバーに対して、ICMP プロトコルが通るようにファイアウォールの構成を変更しましょう。

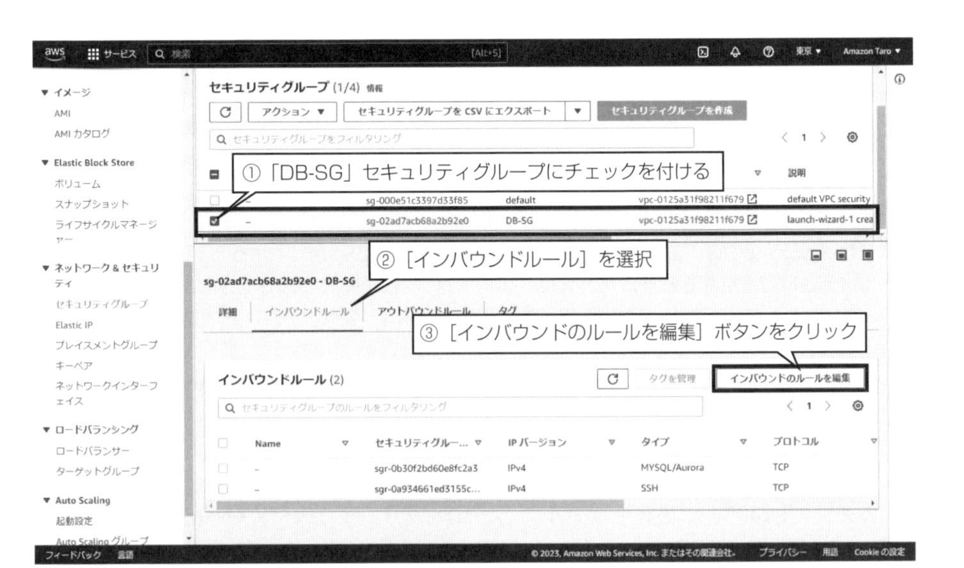

図 6-12　インバウンド設定の編集画面を開く

【手順】DB サーバーに対して ICMP プロトコルが通るように構成する

[1] インバウンドの設定を始める

[セキュリティグループ] メニューを開きます。セキュリティグループ一覧が表示されるので、「DB-SG セキュリティグループ」をクリックして選択してください。

[インバウンドルール] タブを開き、[インバウンドのルールを編集] ボタンをクリックして、インバウンドのファイアウォールのセキュリティ設定を編集します（**図 6-12**）。

Memo ファイアウォールには、インスタンスの外側から内側に流れる際に適用する「インバウンド」と、内側から外側に流れる「アウトバウンド」の２種類の設定があります。デフォルトでは、アウトバウンドには何ら通信制限がされていないため、何か通信を許可したいときには、インバウンドのほうだけを調整すれば十分です。

[2] ICMP ルールを追加する

編集画面が表示されるので、[ルールを追加] ボタンをクリックしてルールを追加します。

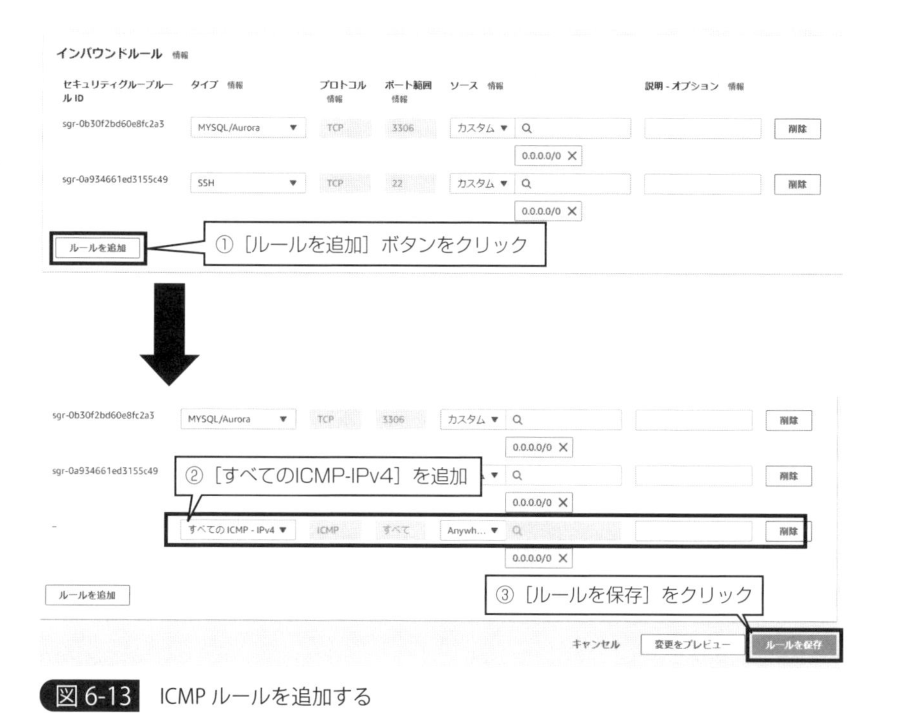

図 6-13　ICMP ルールを追加する

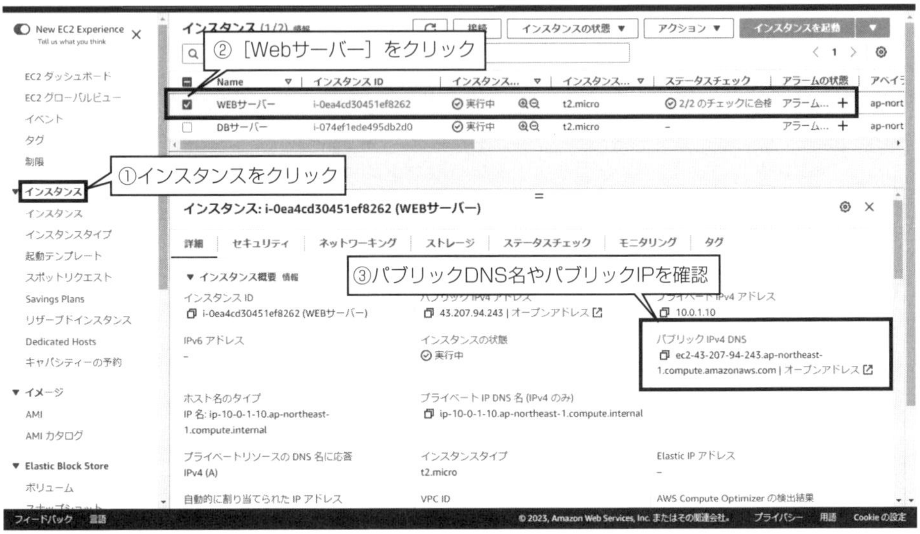

図 6-14　Web サーバーのパブリック DNS 名を確認する

そして［すべての ICMP-IPv4］を選択し、ソースには［Anywhere-IPv4］を指定します。最後に、［ルールを保存］ボタンをクリックして保存してください（図 6-13）。

●疎通を確認する

ICMP プロトコルを通るように構成したので、ping コマンドを使って、疎通確認できます。

実際に、Web サーバーから DB サーバーへの疎通確認をしてみましょう。

まずは、Web サーバーのパブリック DNS 名（もしくはパブリック IP アドレス）を確認しましょう。以下の説明では、図 6-14 に示すように、「ec2-43-207-94-243ap-northeast-1.compute.amazonaws.com」というパブリック DNS 名であると仮定します。

パブリック DNS 名を確認したら、そのパブリック DNS 名に対して、SSH でログインしましょう。Windows の場合は、RLogin を使って図 6-15 のように接続します。

Mac の場合は、ターミナルから次のように入力して接続してください（図 6-16）。なお、ここで指定している「my-key.pem」は、インスタンスの公開鍵です（詳細は、「3-2　SSH で接続する」を参照）。

```
$ ssh -i my-key.pem ec2-user@ec2-43-207-94-243.ap-northeast-1.compute.amazonaws.com
```

接続したら、次のように DB サーバーの IP アドレスである「10.0.2.10」に対して、ping を実行してみましょう。

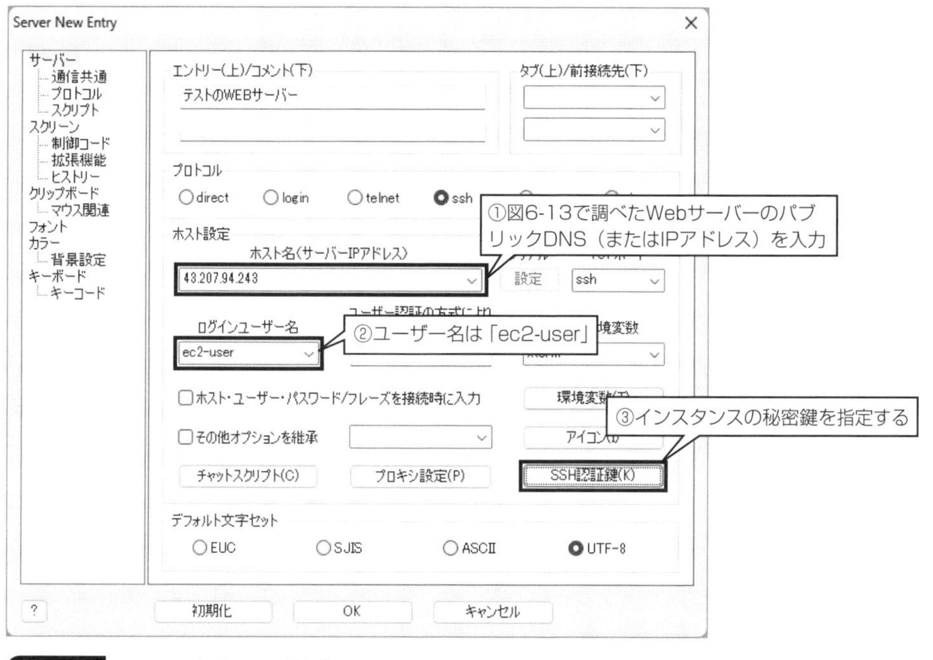

図 6-15　RLogin を使って接続する

図 6-16　Mac のターミナルで接続する

【Web サーバー上で実行】

```
$ ping 10.0.2.10
```

うまく疎通できていれば、次の返答が戻ってきます。これで疎通できたことがわかります。結果では、「ms（ミリ秒。1000 分の 1 秒）」の単位で、パケットの到達にかかる時間もわかります。

```
PING 10.0.2.10 (10.0.2.10) 56(84) bytes of data.
64 bytes from 10.0.2.10: icmp_seq=1 ttl=255 time=0.326 ms
64 bytes from 10.0.2.10: icmp_seq=2 ttl=255 time=0.447 ms
64 bytes from 10.0.2.10: icmp_seq=3 ttl=255 time=0.447 ms
64 bytes from 10.0.2.10: icmp_seq=4 ttl=255 time=0.458 ms
64 bytes from 10.0.2.10: icmp_seq=5 ttl=255 time=0.409 ms
64 bytes from 10.0.2.10: icmp_seq=6 ttl=255 time=0.396 ms
```

なお、この出力は、いつまで経っても止まらないので、止めたいときは、[Ctrl] + [C] キーを押してください。止めると、最小、平均、最大の到達時間が表示されます。

```
--- 10.0.2.10 ping statistics ---
31 packets transmitted, 31 received, 0% packet loss, time 29998ms
rtt min/avg/max/mdev = 0.326/0.451/1.168/0.138 ms
```

●ローカル環境から Web サーバーに疎通できるようにする

さらに、ping コマンドを使って疎通確認を続けましょう。

ここでは、ローカル環境（手元の Windows や Mac など）から、この Web サーバーに対して、ping コマンドを実行してみましょう。

Windows の場合は「コマンドプロンプト」から、Mac の場合は「ターミナル」から ping コマンドを、それぞれ実行してください。

【ローカル環境で実行】

```
> ping ec2-43-207-94-243.ap-northeast-1.compute.amazonaws.com
```

実際にやってみるとわかりますが、タイムアウトしてしまい、疎通を確認できません（**図 6-17**）。

これは、Web サーバーと接続不能なわけではなく、Web サーバーに適用されているセキュリティグループにおいて、ICMP を許可していないからです。

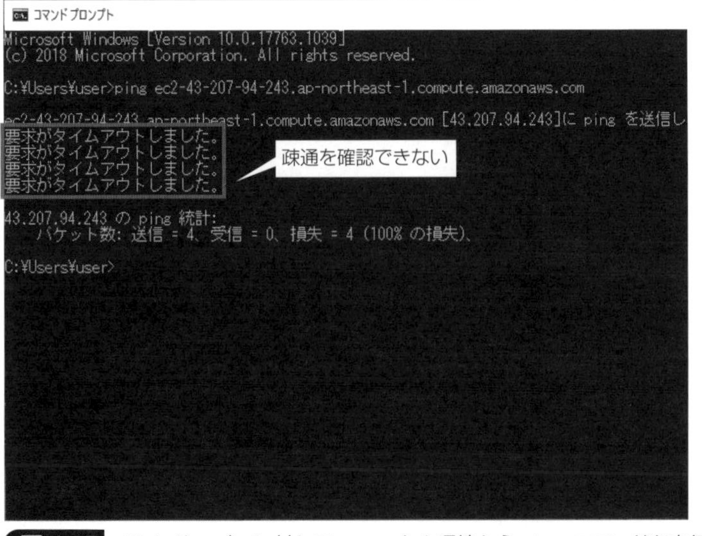

図 6-17　Web サーバーに対して、ローカル環境から ping コマンドを実行した結果

Memo 一般に ping コマンドが応答を返さないときは、「そのサーバーが停止している」と判断しますが、この例のように、ファイアウォールで ICMP プロトコルが阻まれているだけということもあります。ping コマンドが応答を返さなくても、前章までで確認してきた通り、Web サーバーは起動しており、Web ブラウザで接続できます。つまり、「ping 応答の有無」と「サーバーと特定のポートで通信できるか」は、無関係です。一般には、ツールなどによってサーバーの自動死活確認をしたいので、ICMP プロトコルを許す構成が一般的です。しかし ICMP プロトコルを拒否しても、サーバーの動作に支障を与えることはありません。ICMP を使うとサーバーまでの疎通確認などが容易になりますが、運用上不要であれば拒否してもよいでしょう。

DB-SG セキュリティグループに対して設定したのと同じ方法で、Web サーバーに適用している「WEB-SG セキュリティグループ」に対しても、ICMP を許可する設定を加えましょう（**図 6-18**）。

もう一度、ping コマンドを実行すると、今度は、疎通を確認できます。

【ローカル環境で実行】

```
> ping ec2-43-207-94-243.ap-northeast-1.compute.amazonaws.com
ec2-43-207-94-243.ap-northeast-1.compute.amazonaws.com
```

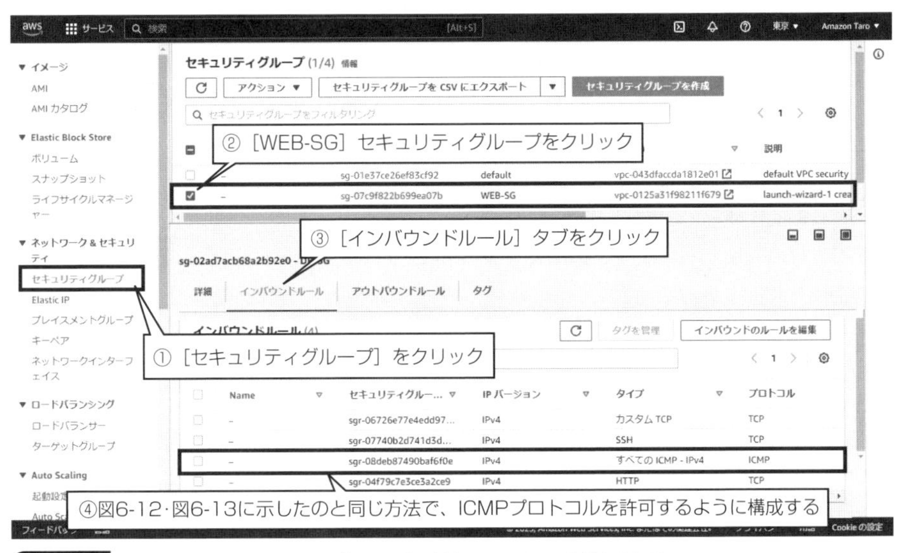

図 6-18　WEB-SG セキュリティグループに対して、ICMP を許可する

```
[43.207.94.243]に ping を送信しています 32 バイトのデータ:
43.207.94.243 からの応答: バイト数 =32 時間 =44ms TTL=235
43.207.94.243 からの応答: バイト数 =32 時間 =153ms TTL=235
43.207.94.243 からの応答: バイト数 =32 時間 =52ms TTL=235
43.207.94.243 からの応答: バイト数 =32 時間 =61ms TTL=235

43.207.94.243 の ping 統計:
    パケット数: 送信 = 4、受信 = 4、損失 = 0 (0% の損失)、
ラウンド トリップの概算時間 (ミリ秒):
    最小 = 44ms、最大 = 153ms、平均 = 77ms
```

ちなみに、ローカル環境からは、DBサーバーへの疎通を確認することはできません。これは、DBサーバーが設置されているプライベートサブネットはインターネットゲートウエイへのルーティングを設定しておらず、インターネットから隔離されているからです（そして、そもそもパブリックIPアドレスを持っていません）。

6-4 踏み台サーバーを経由してSSHで接続する

さて、本章で作成したDBサーバーは、DBサーバーという名称を付けてはいるものの、まだDBサーバーソフトをインストールしていません。ここからSSHでログインして、MariaDBというデータベースソフトをインストールしたいと思います。

ここで、ひとつ疑問があります。DBサーバーはインターネットと接続されていないのに、どうやって、そこにSSHで接続すればよいのでしょうか？

その解決方法のひとつが、「踏み台サーバー」です。

ここまで説明してきたように、WebサーバーにはSSHで接続できます。そして、WebサーバーからDBサーバーには疎通確認がとれています。

そこで、① WebサーバーにSSHでアクセス、② WebサーバーからDBサーバーにSSHでアクセス、というように、Webサーバーを踏み台とすれば、ローカル環境からDBサーバーへとアクセスできます（**図6-19**）。

■秘密鍵をアップロードする

インスタンスにSSHでアクセスするには、「秘密鍵」が必要です。つまり、図6-19のようにWebサーバーからDBサーバーへとSSHで接続する場合、秘密鍵をWebサーバーに置いておく必要があります。

サーバーにファイルを転送するには、「SCP（Secure Copy）」や「SFTP（Secure File Transfer Protocol）」というプロトコルを使います。

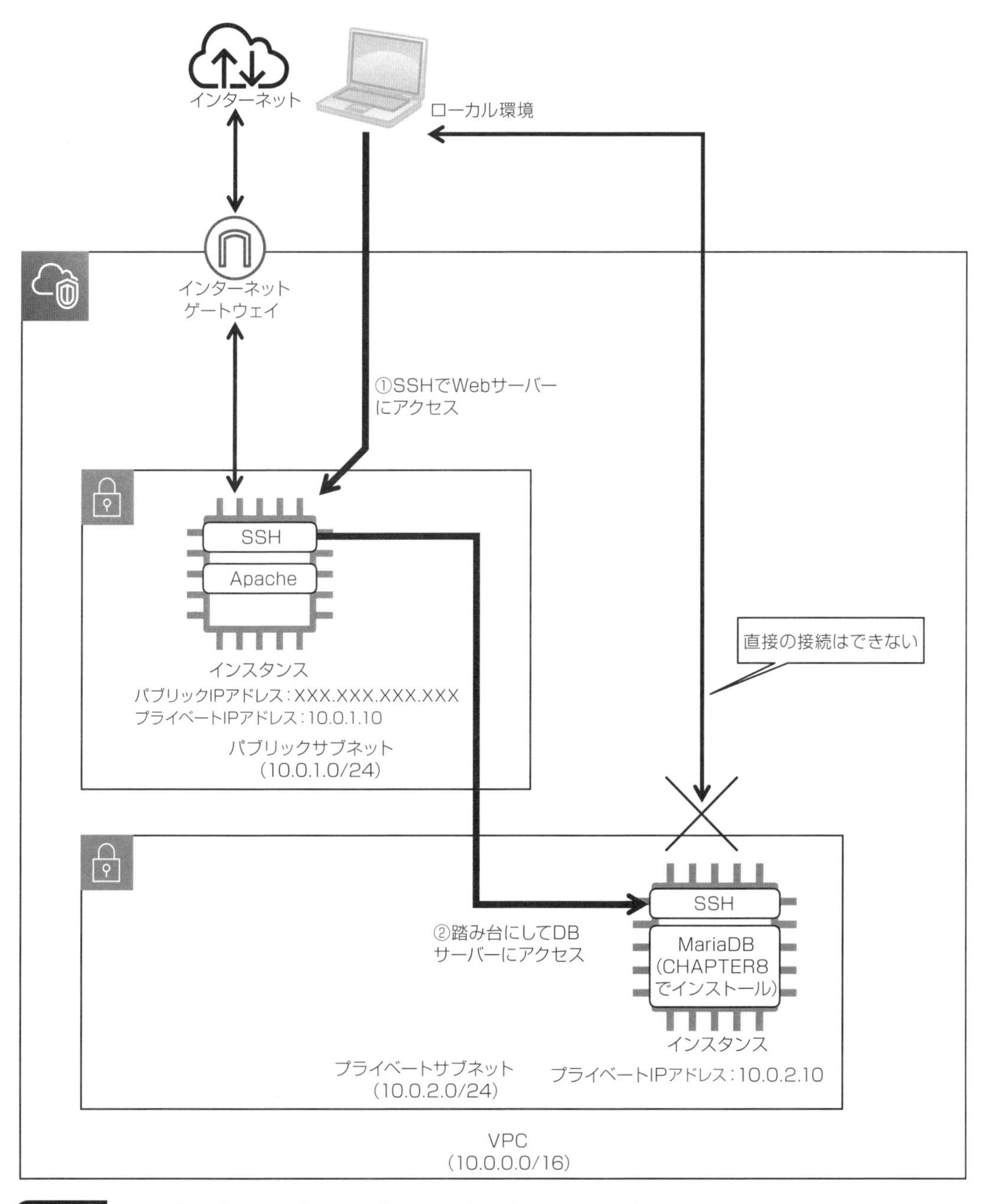

図 6-19　Web サーバーを踏み台として使い、DB サーバーにアクセスする

●Windows の RLogin の場合

RLogin では、[ファイル] メニューから [SFTP ファイルの転送] をクリックすると、ファイルを転送できます。

ここでは、秘密鍵ファイルを、ec2-user ユーザーのホームディレクトリ（「~/」で示されるディレクトリ）に転送します（**図 6-20**）。

Memo ここでは話を簡単にするため、ファイルの転送に RLogin に付属の機能を使いますが、「WinSCP（http://winscp.net/）」や「FileZilla（https://filezilla-project.org/）」などのソフトを使えば、より簡単にファイル転送できます。

●Mac の場合

Mac の場合は、ターミナルから scp コマンドを使ってファイルを転送してください。

カレントディレクトリに置かれた my-key.pem ファイルを、自分のホームディレクトリ（「~/」）にコピーするには、次のようにします。

【ローカルの Mac 上で実行】

```
$ scp -i my-key.pem my-key.pem ec2-user@ec2-43-207-94-243.ap-northeast-1.
compute.amazonaws.com:~/
```

■Web サーバーから SSH で接続する

以上で準備が整いました。まずは、先の図 6-15 や図 6-16 に示した方法で、Web サーバーにログインしてください。

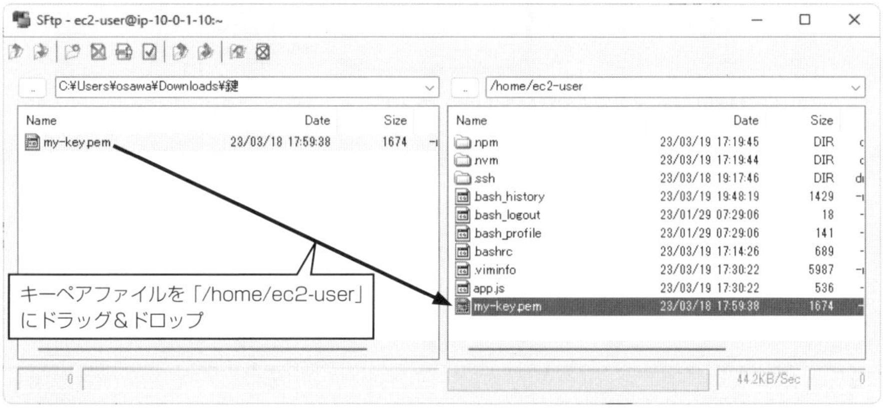

図 6-20　鍵ファイルを Web サーバーにコピーする

●鍵ファイルのパーミッションを変更する

Webサーバーにログインしたら、まず、秘密鍵ファイルのパーミッションを、「自分しか読めない」ように変更してください。そのためには、次のコマンドを入力します。

【Webサーバー上で実行】

```
$ chmod 400 my-key.pem
```

Memo この操作は、秘密鍵が見られると、誰もがサーバーにアクセスできてしまうので、それを防ぎ、安全性を高めるのが狙いです。しかし、仮に、安全性を気にしなくても、この操作を省略できません。「自分だけが読み取れる」というパーミッションになっていないと、次に説明するsshコマンドを使って接続するときに、エラーが表示されて接続できないからです。

●Webサーバーを踏み台にしてDBサーバーにSSH接続する

Webサーバーにログインしたら、次のように、DBサーバーに割り当てたプライベートIPアドレスである10.0.2.10に対してログインしてください。

【Webサーバー上で実行】

```
$ ssh -i my-key.pem ec2-user@10.0.2.10
```

うまくDBサーバーにログインできたはずです。DBサーバー上での操作が終わったら、「exit」と入力します。するとログアウトし、Webサーバー上での操作に戻れます（**図6-21**）。プライベートサブネットに置かれたサーバーにアクセスするときに、このように、インターネットから接続可能なサーバーにログインしてから、それを踏み台にしてログインすることが一般的です。

6-5 まとめ

この章では、インターネットから直接アクセスさせないプライベートサブネットの扱い方を説明しました。

プライベートサブネットは、プライベートIPアドレスだけで構成したサブネットで、インターネットとの接続点を持ちません。DBサーバーなど、インターネットから隠したいサーバー群を配置するときに用います。

プライベートサブネットに設置したサーバーは、ローカル環境（手元のWindowsや

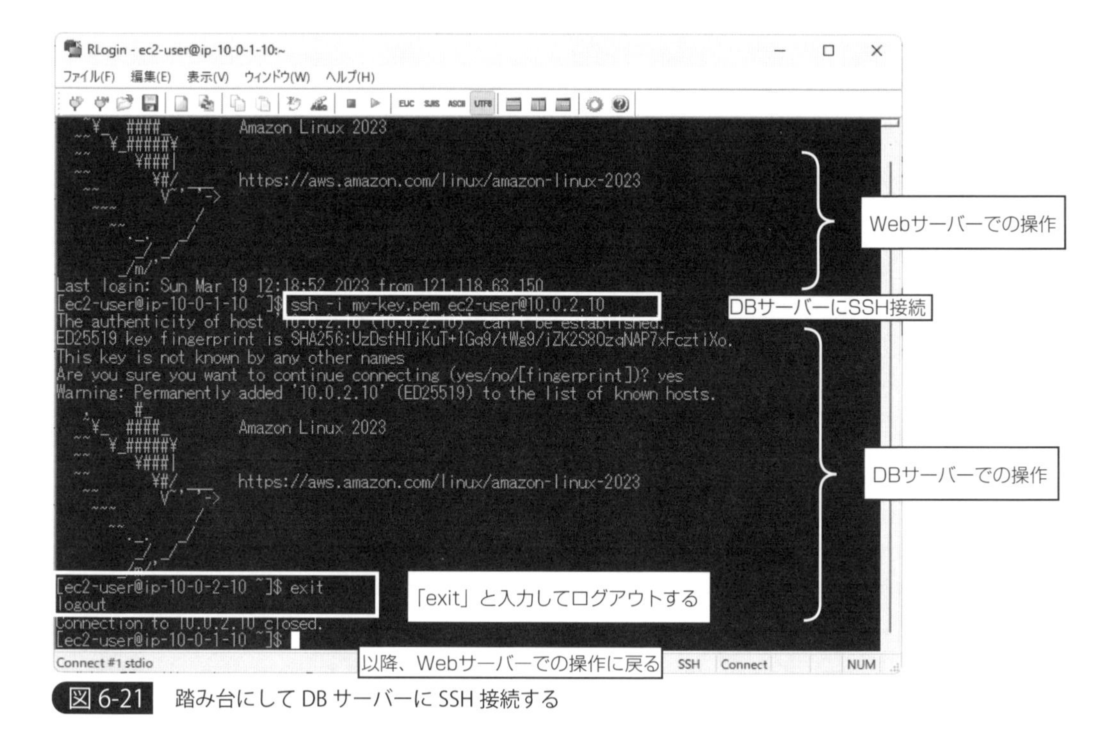

図 6-21　踏み台にして DB サーバーに SSH 接続する

Mac の環境）からアクセスできないので、プライベートサブネットと通信可能な何らかのサーバーを踏み台にして、SSH でログインします。

この踏み台の方法を使えば、確かに、ローカル環境からサーバーへはアクセスできます。

一方で、プライベートサブネット内のサーバーからインターネットにアクセスすることは、依然としてできません。そのため、「必要なアプリケーションをダウンロードしてインストールする」「OS をアップデートする」といった操作ができません。

この問題を解決するのが、「NAT」です。次章では、NAT を構築して、プライベートサブネット内のサーバーからインターネットに接続するための方法を説明します。

Column　SSH ポートフォワードを使った接続

DBサーバーにログインする別解として、SSHポートフォワードを使う方法があります。SSHポートフォワードとは、SSH で任意のポートを受信状態にして、それを別のサーバーに転送（フォワード：forward）する方法です。この方法を使うと、実際には Web サーバーを経由しているものの、あたかも直接接続しているように見え、踏み台となる Web サーバーにキーペアファイルを置く必要がありません。

SSH ポートフォワードする場合、次のように構成します。

①Webサーバー側（踏み台となるサーバー）

RLoginの接続設定画面で［プロトコル］項目の［ポートフォワード］をクリックして開き、Local Proxy Serverを構成します。ホスト名は「localhost」とし、ポート番号はたとえば「10080」とします（任意のポート番号で良い）。

この設定により、転送するための設定が構成されます。

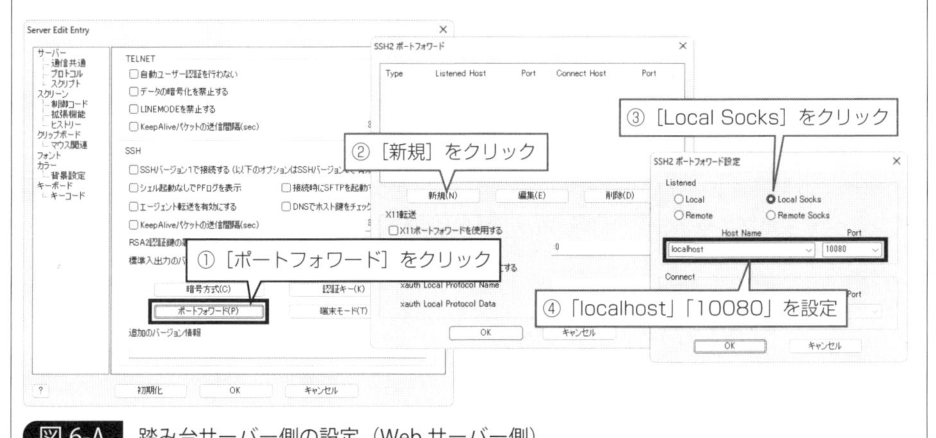

図6-A　踏み台サーバー側の設定（Webサーバー側）

②DBサーバー側（接続する設定）

DBサーバーに接続する際の設定では、［プロキシ設定］ボタンをクリックし、②で構成したプロキシを使って接続するように構成します。接続する際には、事前にWebサーバー側のSSH接続をしたのちに、DBサーバー側の接続をします（RLoginでは［前接続先］の項目で、接続名を設定しておくと、事前に自動で接続できます）。

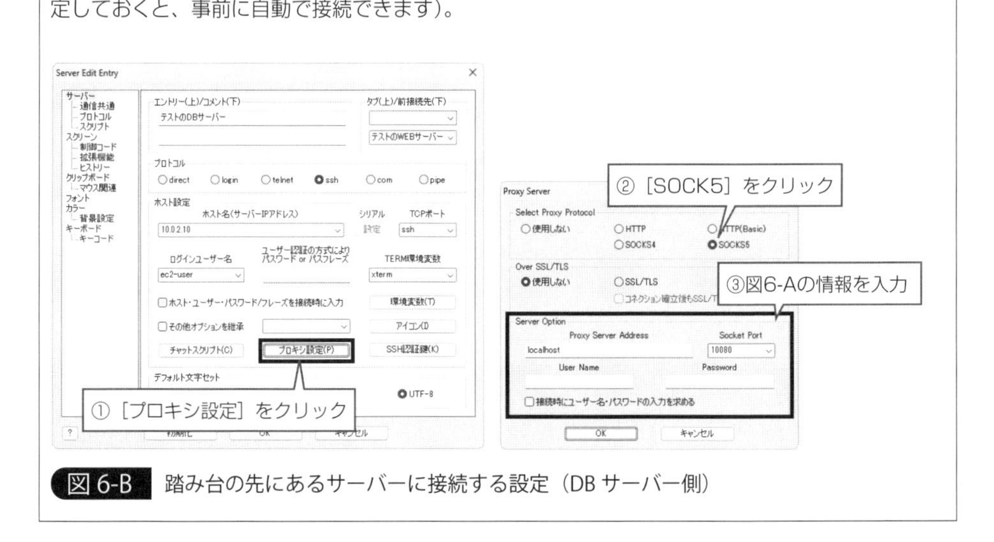

図6-B　踏み台の先にあるサーバーに接続する設定（DBサーバー側）

CHAPTER7
NAT を構築する

プライベートサブネットに配置したサーバーは、インターネットから接続できないため、安全です。しかし、インターネットと一切通信できないと、サーバーのアップデートやソフトウエアのインストールの際に不便です。この問題を解決するのがNATです。NATは、「プライベートサブネット→インターネット」の向きの通信だけを許可します。

7-1 NATの用途と必要性

ここまで、「パブリックサブネット」と「プライベートサブネット」を構築し、

- パブリックサブネット内に「Web サーバー」
- プライベートサブネット内に「DB サーバー」

を配置しました。

これから、DB サーバーにデータベースソフトをインストールし、Web サーバーから利用できるようにします。

本書では、データベースとして「MariaDB」を使います。そこで、dnf コマンドを使って MariaDB をインストールするのですが、ここで、ひとつ問題があります。

DB サーバーは、プライベートサブネットにあるため、インターネットに接続できません。つまり、dnf などのコマンドを使って、ソフトウエアをダウンロードできないのです。

もちろん、CHAPTER6 で説明したように、踏み台サーバーを経由して必要なソフトウエアをひとつずつ、scp コマンドなどでコピーすることもできます。しかしそれでは、手間がかかりすぎてしまいます。

■NAT の仕組み

この問題を解決するソリューションのひとつが、「NAT（Network Address Translation）」です。

NAT は、IP アドレスを変換する装置で、2 つのネットワークインタフェースを持ちます。

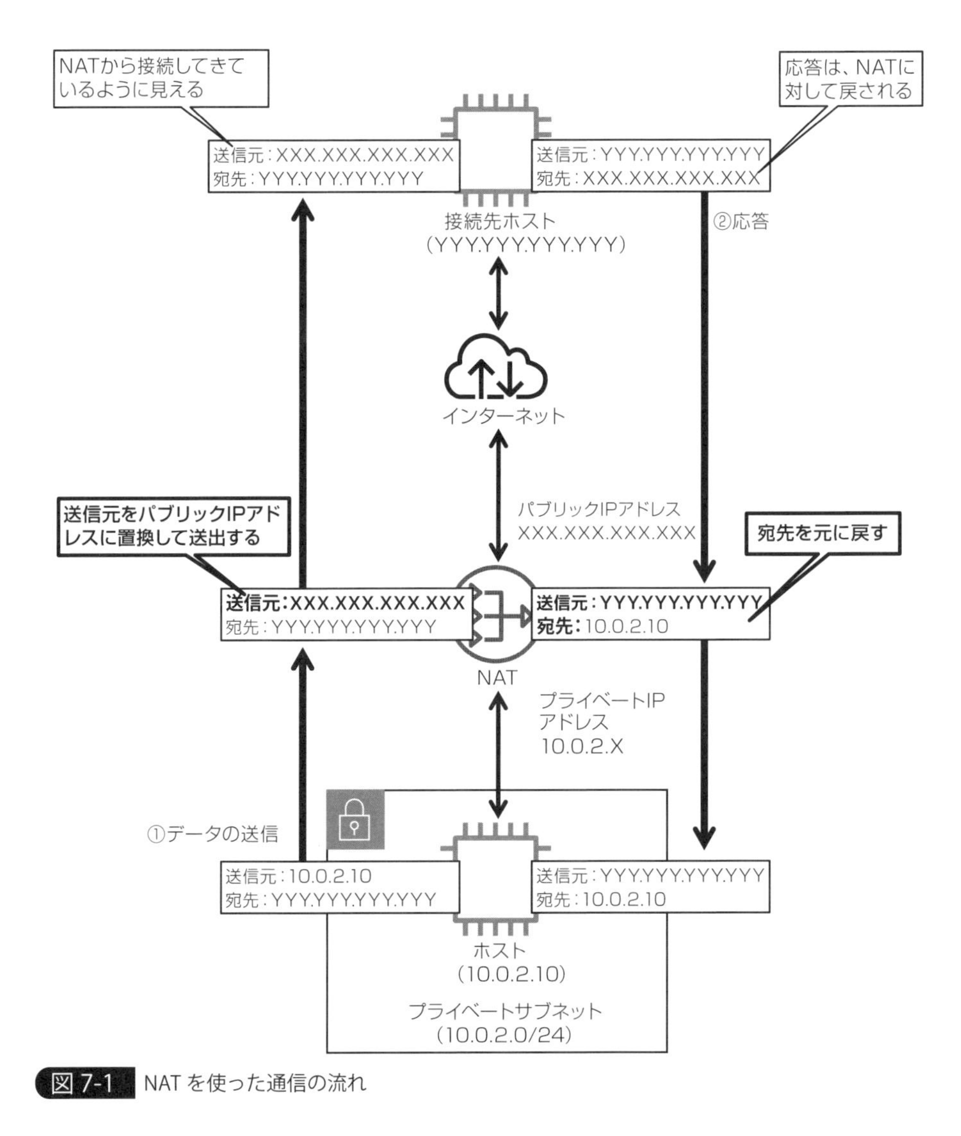

図 7-1　NATを使った通信の流れ

片側のインタフェースには、一般に、「パブリック IP アドレス」を設定し、インターネットに接続可能な構成にしておきます。そして、もう片側のインタフェースには「プライベート IP アドレス」を設定し、プライベートサブネットに接続します。

プライベートサブネットに存在するホスト（サーバーやクライアント）が、インターネットにパケットを送信しようとしたとき、NAT は、パケットの送信元 IP アドレスを自身のパブリック IP アドレスに置換します。こうすることで、送信元がプライベート IP アドレスではなくNATが持つパブリックIPアドレスに変わるため、インターネットに出て行くことができます。

パケットの送信元IPアドレスが置換されているので、接続先からはNATが接続してきているように見えます。そのため応答パケットは、このNATに戻ってきます。NATは、戻ってきた応答パケットの宛先を、元のホストのIPアドレスに置換してプライベートサブネットに転送します。

このようにNATがIPアドレスを置換することによって、プライベートサブネットに存在するホストは、インターネットと通信できるようになります（**図7-1**）。

NATを用いると、プライベートサブネットからインターネットに接続できますが、逆にインターネットからプライベートサブネットの方向に接続することはできません（**図7-2**）。

そのため、サブネットにパブリックIPアドレスを割り当ててインターネットとの通信を許すよりも、セキュリティを高められます。

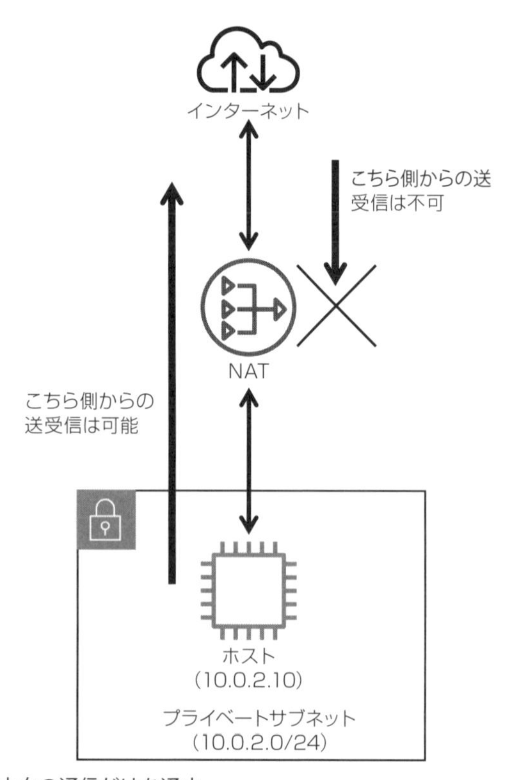

図7-2 NATは片方向の通信だけを通す

Memo NATには、「IPアドレスだけを置換するもの」と「IPアドレスとポート番号の両方を置換するもの」の2種類があります。後者の構成の場合、1つのパブリックIPアドレスを複数のホストで共有できます。より正確に言うと、前者を「NAT」と呼び、後者は「NAPT（Network Address and Port Translation）」や「IPマスカレード」と呼んで区別することもあります。しかしどちらも「NAT」と呼ばれることが多いため、本書ではこの区別をせずにどちらもNATと呼ぶことにします。

Column 家庭内でのインターネット接続

NATでは（より正確に言うと、「NAPT」や「IPマスカレード」では）、1つのパブリックIPアドレスさえあれば、それを各ホストで共有してインターネットに接続できます。

家庭でインターネットに接続するときには、「ルーター」と呼ばれる装置を使うことがほとんどです。実は、ルーターの内部ではNAT機能が動作しています。

通常、プロバイダから割り当てられるパブリックIPアドレスは1つだけです。家庭では、NATを使ってこの1つのパブリックIPアドレスを共有することで、複数台のホストがインターネットに接続できるようにしています。

もしNATがなければ、ただ1台のホストしかインターネットに接続できません（**図7-A**）。

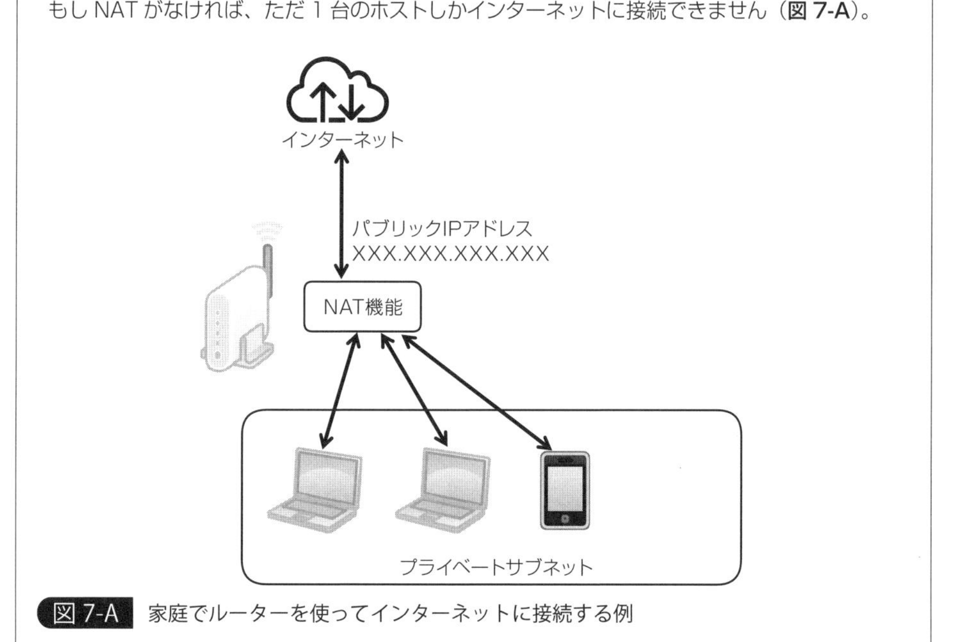

図7-A　家庭でルーターを使ってインターネットに接続する例

このNATを構築する方法として、AWSではNATゲートウエイという機能が提供されており、非常に簡単にNATを利用することができるようになっています。本書ではこのNATゲートウエイを利用することにします。

■NATインスタンスとNATゲートウエイ

AWSでNATを構成する場合、次の2つの方法があります。

①NATインスタンス

NATソフトウエアがあらかじめインストールされたAMIから起動したEC2インスタンスを使う方法です。

EC2インスタンスを作成するときに、［コミニテュティAMI］で「ami-vpc-nat」を選択してインストールすると、NAT機能付きのEC2インスタンスを作れます（**図7-3**）。

NATインスタンスは、Amazon LinuxをベースとしたLinux OSなので、そのEC2インスタンスに、NAT以外のソフトウエアをインストールすることもできます。

NATインスタンスの性能は、EC2インスタンスのスペックによって決まります。また、

図7-3　「ami-vpc-nat」を選択するとNATインスタンスを作れる

通常のEC2インスタンスと同様に、利用していないときは停止することもできます。

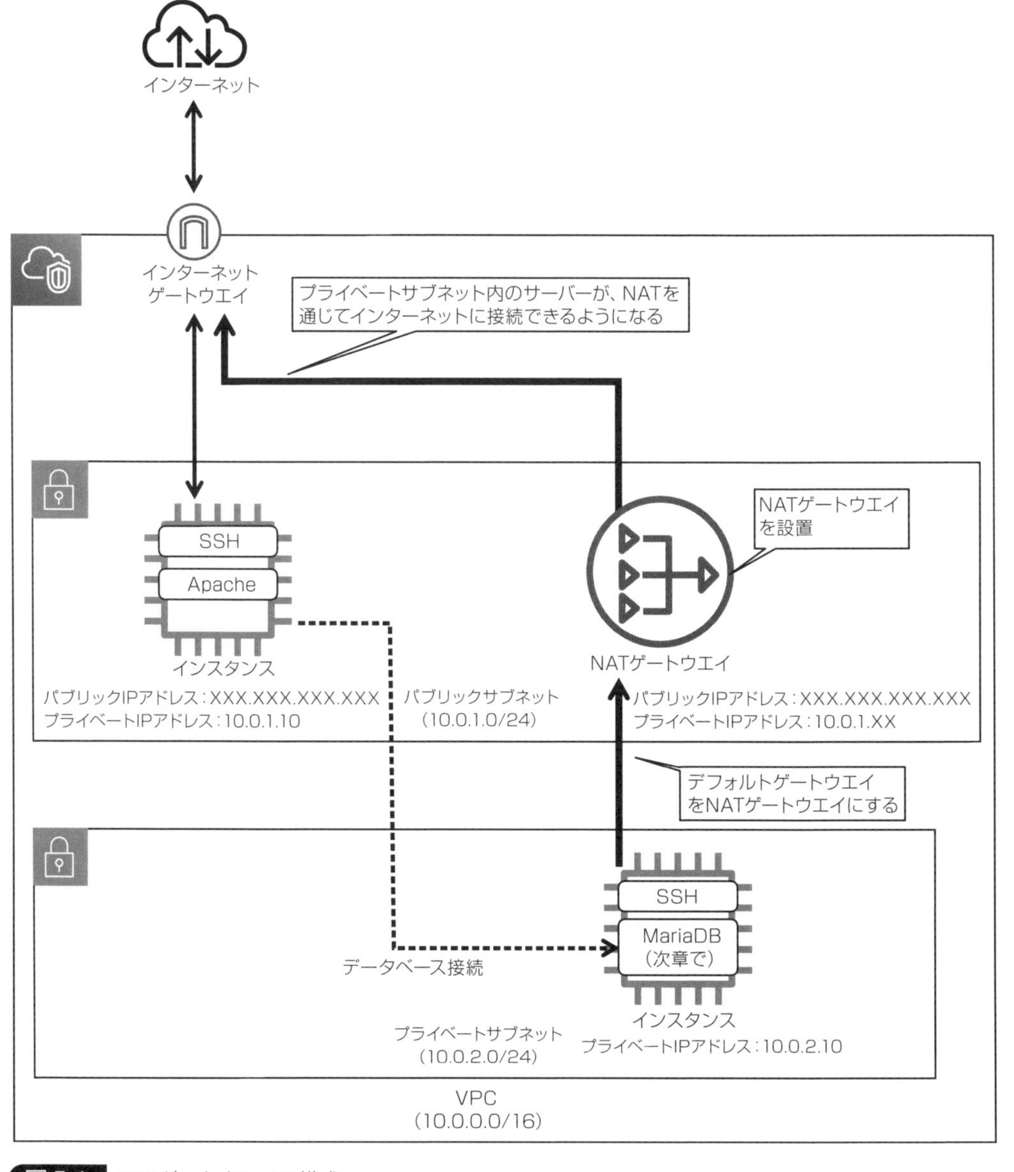

図7-4　NATゲートウエイの構成

②NAT ゲートウエイ

NAT ゲートウエイは、NAT 専用に構成された仮想的なコンポーネントです。配置するサブネットを選ぶだけで構成できます。

NAT ゲートウエイは、NAT インスタンスと違って、負荷に応じてスケールアップします。料金は、時間当たりと転送バイト（ギガバイト当たり）の転送量で決められます。

Memo NAT ゲートウエイは NAT インスタンスと違って、「停止」という操作はありません。利用しないときは、破棄します。破棄の方法については、7-3「コラム　NAT ゲートウエイの削除」を参照してください）

どちらを使ってもよいのですが、構築のしやすさから、本書では、②の NAT ゲートウエイを利用することにします。

■パブリックサブネットとプライベートサブネットを NAT ゲートウエイで接続する

今回、プライベートサブネットに配置した DB サーバーを、NAT ゲートウエイを経由してインターネットに接続できるようにするには、**図 7-4** のように構成します。

①NAT ゲートウエイを配置する

NAT ゲートウエイは、インターネットから接続可能な場所である「パブリックサブネット」に配置して起動します。

②デフォルトゲートウエイを設定する

NAT ゲートウエイの準備ができたら、プライベートサブネットからインターネット宛のパケットが、NAT ゲートウエイを経由するように、ルートテーブルを変更します。

7-2 NAT ゲートウエイを構築する

それでは順に、これらの操作をしていきましょう。

Memo NAT ゲートウエイは、AWS の 1 年間の無料利用枠の対象外です。作成した時点から、1 時間単位で課金されます。

■NAT ゲートウエイを起動する

まずは、NAT ゲートウエイをサブネットに配置して起動しましょう。

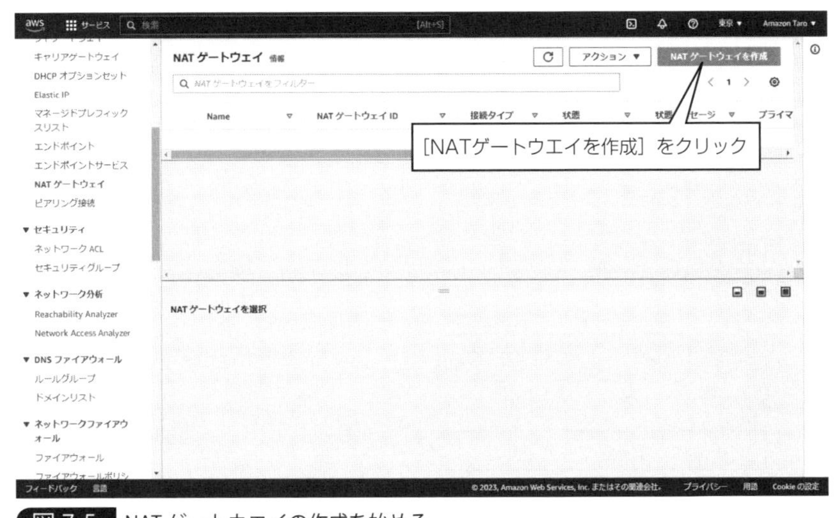

図 7-5　NAT ゲートウエイの作成を始める

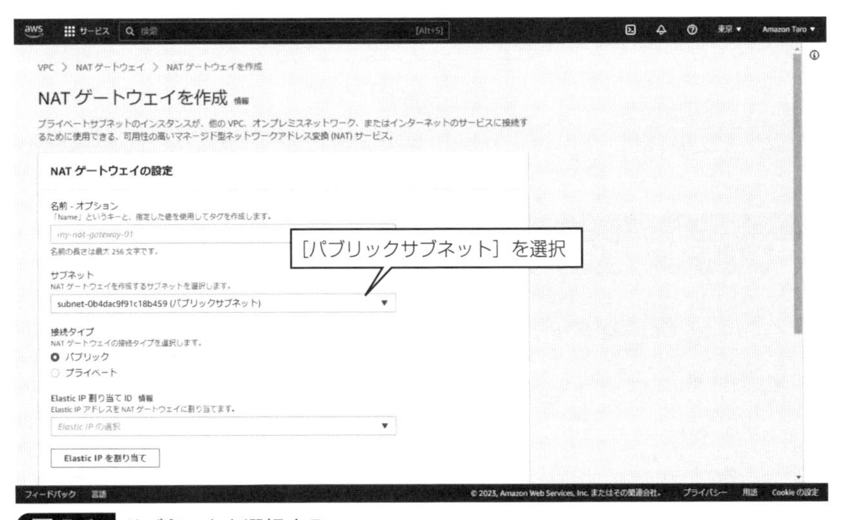

図 7-6　サブネットを選択する

【手順】 NAT ゲートウエイを起動する

［1］ NAT ゲートウエイの作成を始める

AWS マネジメントコンソールの［VPC］メニューを開き、［NAT ゲートウエイ］を選択します。［NAT ゲートウエイを作成］をクリックして、NAT ゲートウエイの作成を始めます（**図 7-5**）。

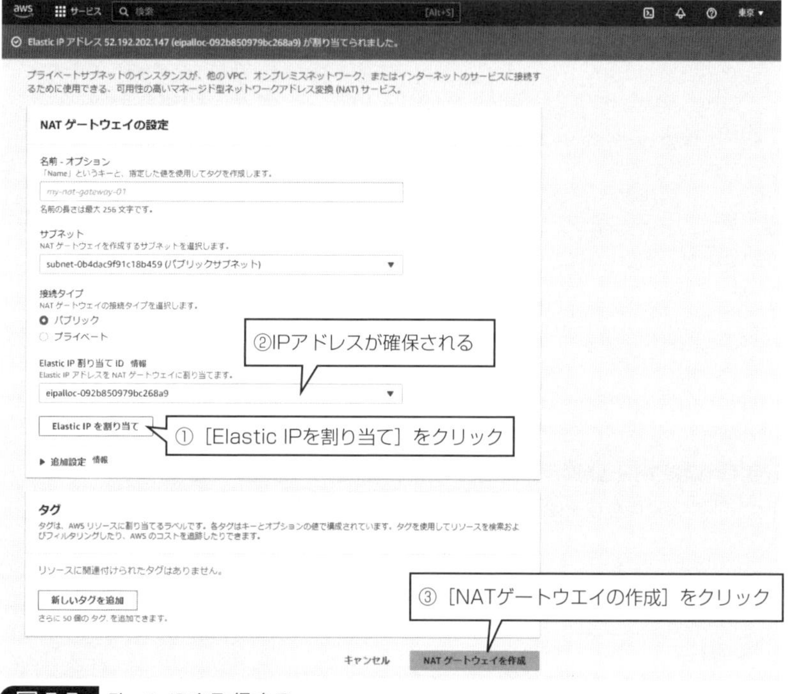

図 7-7　Elastic IP を取得する

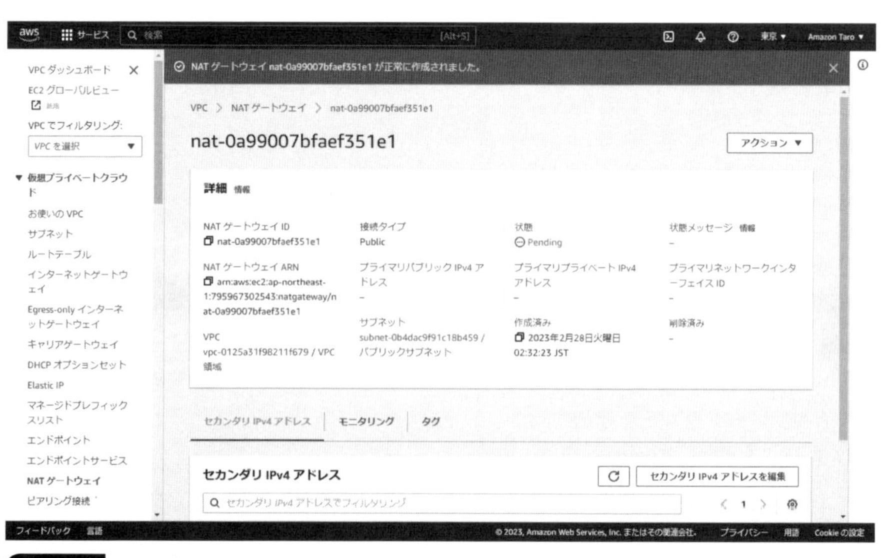

図 7-8　NAT ゲートウエイが作成された

[2]　サブネットと Elastic IP を割り当てる

NAT ゲートウエイには、サブネットと Elastic IP アドレスを割り当てます。Elastic IP アドレスとは、「静的な固定のパブリック IP アドレス」のことです（3-2「コラム　パブリック IP アドレスを固定化する」を参照）。

まず［サブネット］の部分で、「パブリックサブネット」を選択します（**図 7-6**）。

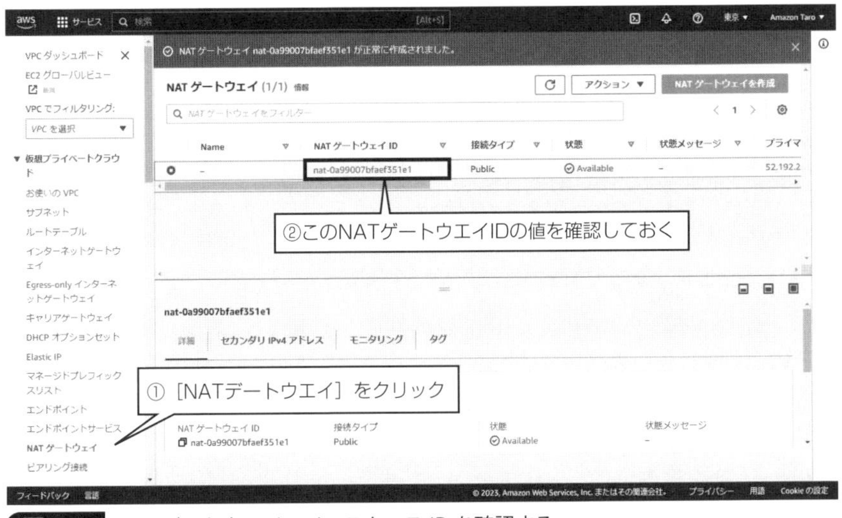

図 7-9　NAT ゲートウエイのインスタンス ID を確認する

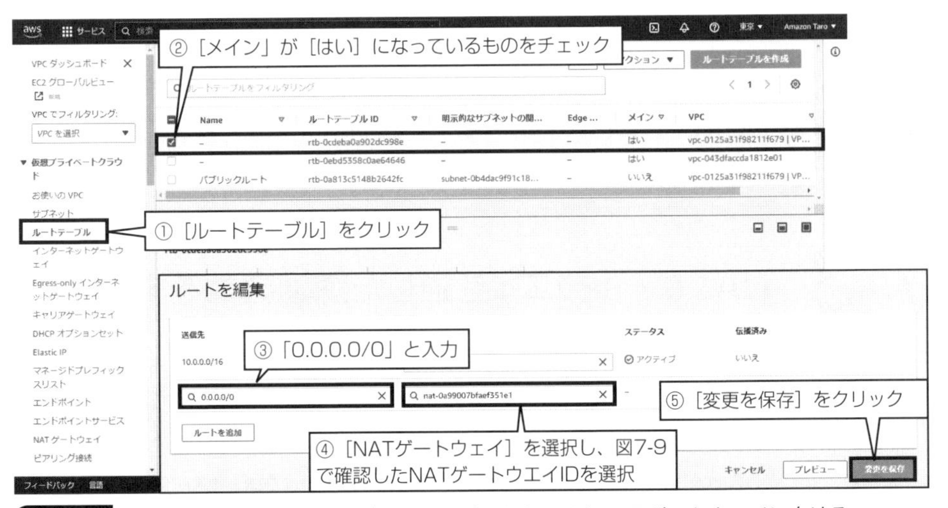

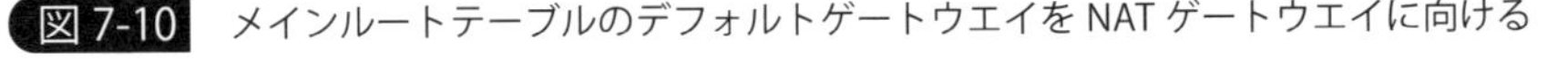

図 7-10　メインルートテーブルのデフォルトゲートウエイを NAT ゲートウエイに向ける

次に［Elastic IP を割り当て］ボタンをクリックして、新しい Elastic IP アドレスを取得します（図 7-7）。

設定したら［NAT ゲートウエイの作成］をクリックします。これで NAT ゲートウエイが作成されます（図 7-8）

■ルートテーブルを更新する

以上で、NAT ゲートウエイが起動し、動作するようになりました。

次に、プライベートサブネットからインターネットに対して通信するとき、パケットが NAT ゲートウエイの方向に流れるように構成します。

これは、デフォルトゲートウエイ（宛先が未知の IP アドレスだった際にパケットを転送する「デフォルト」のゲートウエイ）を NAT ゲートウエイに向ける設定であり、「0.0.0.0/0」に対して、NAT ゲートウエイを選択するだけです。

【手順】　プライベートサブネットのデフォルトゲートウエイを NAT ゲートウエイに向ける

［1］　NAT ゲートウエイのインスタンス ID を確認する

まずは、［VPC］メニューから［NAT ゲートウエイ］を選択し、NAT ゲートウエイに設定された NAT ゲートウエイ ID を確認しておきます（図 7-9）。

［2］　ルートテーブルを構成する

VPC メニューから、［ルートテーブル］を選択します。

ここまでの構成では、プライベートサブネットには、［メイン］が［はい］となっているメインルートテーブルが適用されています。ここでは、このメインルートテーブルのデフォルトゲートウエイを NAT ゲートウエイに変更します。

そのためには、［ルート］タブで、［ルートを編集］ボタンをクリック、そして［ルートを追加］から「0.0.0.0/0」に対して図 7-9 で調べた NAT ゲートウエイの ID を選択し、［変更を保存］ボタンをクリックします（図 7-10）。

7-3 NAT ゲートウエイを通じた疎通確認をする

以上で、NAT ゲートウエイの設定が終わりました。正常に NAT ゲートウエイが動作しているか確認してみましょう。

今回の構成では、プライベートサブネットから HTTP および HTTPS の通信を許可しています。そこで DB サーバーにログインして、インターネットに対して HTTP や HTTPS で接続できるかどうかを調査すれば、NAT ゲートウエイが正常に動作しているかどうかを確認できます。

■curl コマンドで確認する

そのためには、「5-3　Telnetを使ってHTTPをしゃべってみる」で説明した「telnetで80番ポートに接続する」という方法もとれます。

しかしより、簡単な方法があります。それは、curlコマンドを使う方法です。curlは、「HTTPやFTPで、ファイルをダウンロードするコマンド」です。

たとえば、下記のコマンドを実行すると、www.kantei.go.jpのトップページを取得して、コマンドラインに表示できます。

```
$ curl https://www.kantei.go.jp
```

実際に、「6-4 踏み台サーバーを経由してSSHで接続する」で説明したように、Webサーバーを踏み台にしてDBサーバーにログインし、上記のコマンドを入力してみてください。次のようにHTMLが表示されるはずです。

【DBサーバー上で実行】

```
[ec2-user@ip-10-0-2-10 ~]$ curl https://www.kantei.go.jp
<!DOCTYPE html>
<html lang="ja">
<head>
<meta charset="utf-8">
<meta http-equiv="X-UA-Compatible" content="IE=edge">
<meta name="viewport" content="width=device-width, initial-scale=1">
<meta name="description" content="首相官邸のホームページです。内閣や総理大臣に関する情報を
ご覧になれます。">
<meta name="keywords" content="首相官邸，政府，内閣，総理，内閣官房">
<meta property="og:title" content="首相官邸ホームページ">
<meta property="og:type" content="website">
<meta property="og:url" content="https://www.kantei.go.jp/index.html">
<meta property="og:image" content="https://www.kantei.go.jp/jp/n5-common/img/
kantei_ogp.jpg">
<meta property="og:site_name" content="首相官邸ホームページ">
<meta property="og:description" content="首相官邸のホームページです。内閣や総理　大臣に
関する情報をご覧になれます。">
<meta name="twitter:card" content="summary_large_image">
<meta name="format-detection" content="telephone=no">
<title>首相官邸ホームページ</title>
・・・略・・・
```

このようにHTMLを取得できていれば、NATゲートウエイが機能しており、HTTPで通信できていることがわかります。

Column NAT ゲートウエイの削除

NAT ゲートウエイを使う必要がなくなったら、削除するとよいでしょう。

というのは、NAT ゲートウエイは稼働時間と転送バイト単位の両方で課金されるので、まったく通信していなくても稼働していれば料金がかかるからです。また、NAT ゲートウエイを削除しておけば、プライベート IP アドレスを持っているインスタンスがインターネットと勝手に通信することもないため、セキュリティも高められます。

図 7-B　NAT ゲートウエイの削除

NAT ゲートウエイを削除するには、削除したい NAT ゲートウエイをクリックして選択しておき、［アクション］メニューから［NAT ゲートウエイを削除］をクリックします。すると、確認メッセージが表示されたのち、削除されます（**図 7-B**）。

もう一度、通信したくなったときには、NAT ゲートウエイを作り直してください。NAT ゲートウエイを作り直すとNATゲートウエイのIDが変わるので、ルートテーブルも編集し直す必要があります。

上記の方法で NAT ゲートウエイを削除すれば、NAT ゲートウエイの費用はかかりませんが、Elastic IP がどのインスタンスとも接続されていない状態になるため、今度は、Elastic IP の料金が発生します。完全に削除したいのであれば、Elastic IP も解放するとよいでしょう。Elastic IP を解放するには、［Elastic IP］メニューを開きます。一覧から解放したい Elastic IP をクリックして選択しておき、［アクション］メニューから［Elastic IP の解放］をクリックします（図 7-C）。

図 7-C　Elastic IP を解放する

7-4 まとめ

この章では、NAT ゲートウエイを用いて、プライベートサブネットからインターネットに接続する方法を説明しました。

NAT ゲートウエイを構成すれば、プライベートサブネットからでもインターネットに接続できるため、あたかもパブリック IP アドレスが割り当てられているような使い勝手になります。しかも、インターネットからプライベートサブネットには接続できないため、サーバーにパブリック IP アドレスを割り当てるよりも、ずっと安全です。

さて、NAT ゲートウエイを構築したことで、プライベートサブネットに配置された DB サーバーで、dnf コマンドを使ってソフトウエアをインストールできるようになりました。

次の章では、実際に、dnf コマンドを使って MariaDB をインストールします。

そして、Web サーバーに WordPress をインストールし、「ブログサーバー」として運用できるようにするところまでを説明します。

CHAPTER8
DBを用いたブログシステムの構築

CHAPTER7でNATゲートウエイを構築したので、プライベートサブネットに配置されたDBサーバーに、各種ソフトウエアをインストールできるようになりました。この章では、MariaDBをインストールしてデータベースを構成したり、WebサーバーにWordPressをインストールしたりして、ブログシステムを構築していきます。

8-1 この章の内容

この章では、WebサーバーにWordPressをインストールして、ブログシステムを構築します。

ブログのデータは、DBサーバー上のMariaDBに保存します（**図8-1**）。

この章では、次の順でブログシステムを構築していきます。

① DBサーバーの構成

DBサーバーにMariaDBをインストールし、WordPressからデータを保存できるようにデータベースを作成します。

② WebサーバーにWordPressをインストールする

WebサーバーにWordPressをインストールします。

③ WordPressの初期設定

WordPressを初期設定し、①のデータベースを使うように構成します。

Memo　MySQLとMariaDB

WordPressで利用できるデータベースは、MySQLかMariaDBです。MariaDBはMySQLの開発者が枝分かれして開発しはじめたオープンソースの互換データベースです。どちらを利用してもよいのですが、Amazon Linux 2023には、MySQLではなくMariaDBがパッケージとして含まれているので、本書では、MariaDBを使います。

歴史的な理由から、MariaDB であっても、操作には mysql という名前のコマンドを使うなど、少し紛らわしいところがあります。あまり気にしないようにしましょう。

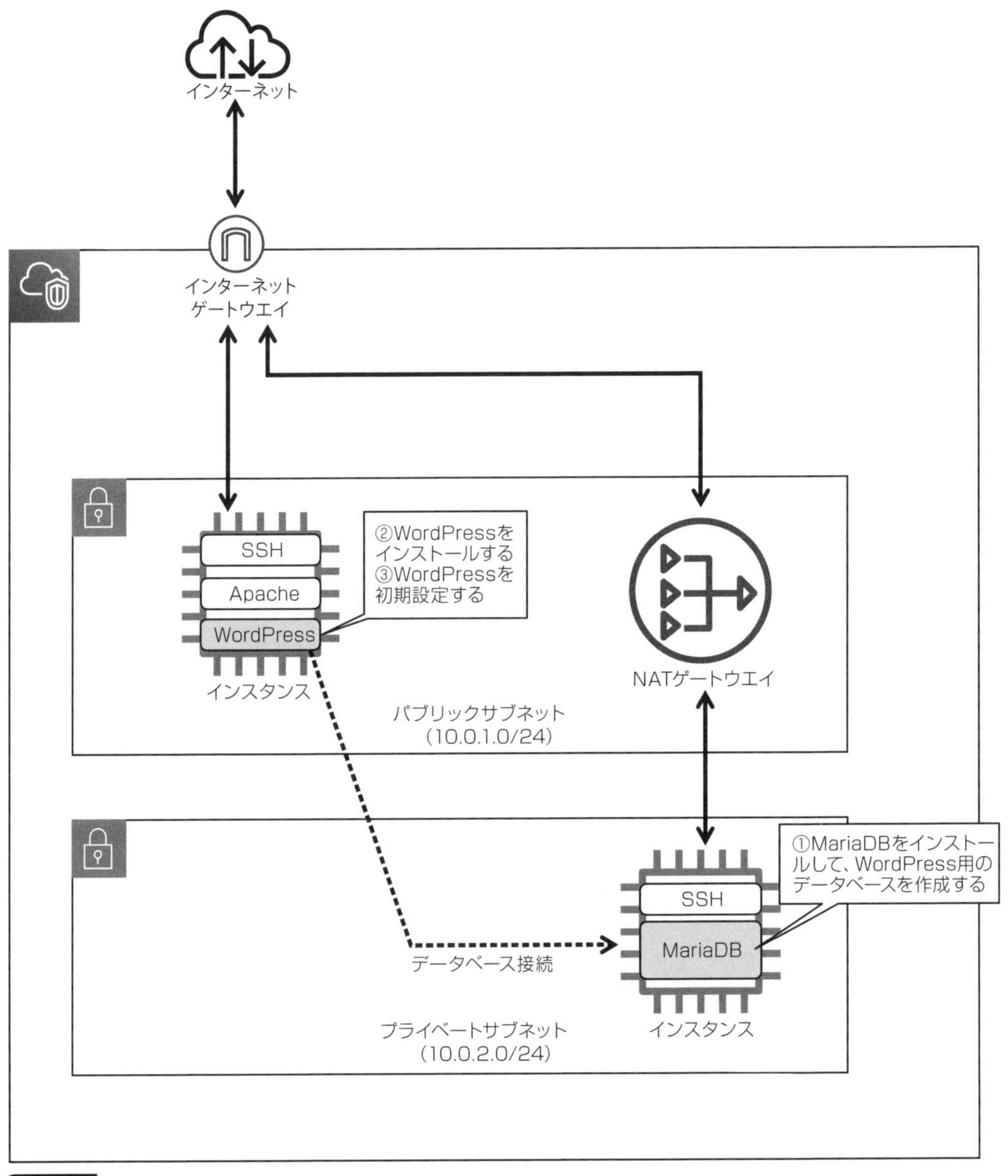

図 8-1　ブログシステムの構成

8-2 DB サーバーに MariaDB をインストールする

まずは、DB サーバーに MariaDB をインストールして、データベースサーバーとして使えるようにしましょう。

■MariaDB のインストール

MariaDB は、dnf コマンドを使ってインストールします。Web サーバーを踏み台にして DB サーバーにログインした状態で、次のコマンドを入力してください。

【DB サーバー上で実行】

```
$ sudo dnf -y install mariadb105-server
```

NAT ゲートウエイを経由してダウンロードが始まり、MariaDB がインストールできるはずです。

■MariaDB の起動と初期設定

インストールしたら、MariaDB を起動しましょう。次のコマンドを入力してください。

【DB サーバー上で実行】

```
$ sudo systemctl start mariadb
```

次に、MariaDB を初期化しましょう。次のコマンドを入力します。

【DB サーバー上で実行】

```
$ sudo mysql_secure_installation
```

すると、いくつかの質問が聞かれるので、下記のように入力してください。基本的に入力しなければならないのは、下記の④⑤の「root ユーザーに設定するパスワード」だけで、他は、［Enter］キーを押すだけで良いです。

root というのは MariaDB の管理者に相当するユーザーです。ここで設定したパスワードは、以降、MariaDB を利用するときに必要になるので、忘れないようにしてください。

Memo 「MariaDB の root ユーザー」と「Linux システムの root ユーザー」は、異なるユーザーです。MariaDB は、Linux システムのユーザーアカウントではなく、独自のユーザーアカウントを用います。

```
NOTE: RUNNING ALL PARTS OF THIS SCRIPT IS RECOMMENDED FOR ALL MariaDB
      SERVERS IN PRODUCTION USE!  PLEASE READ EACH STEP CAREFULLY!

In order to log into MariaDB to secure it, we'll need the current
password for the root user. If you've just installed MariaDB, and
haven't set the root password yet, you should just press enter here.

Enter current password for root (enter for none): ①[Enter]を入力
OK, successfully used password, moving on...

Setting the root password or using the unix_socket ensures that nobody
can log into the MariaDB root user without the proper authorisation.

You already have your root account protected, so you can safely answer 'n'.

Switch to unix_socket authentication [Y/n] ②[Enter]を入力
Enabled successfully!
Reloading privilege tables..
 ... Success!


You already have your root account protected, so you can safely answer 'n'.

Change the root password? [Y/n] ③[Enter]を入力
New password: ④ rootユーザーに設定したいパスワードを入力
Re-enter new password: ⑤ ④と同じものを入力
Password updated successfully!
Reloading privilege tables..
 ... Success!


By default, a MariaDB installation has an anonymous user, allowing anyone
to log into MariaDB without having to have a user account created for
them.  This is intended only for testing, and to make the installation
go a bit smoother.  You should remove them before moving into a
production environment.

Remove anonymous users? [Y/n] ⑥[Enter]を入力
 ... Success!

Normally, root should only be allowed to connect from 'localhost'.  This
ensures that someone cannot guess at the root password from the network.

Disallow root login remotely? [Y/n] ⑦[Enter]を入力
 ... Success!

By default, MariaDB comes with a database named 'test' that anyone can
```

```
access.  This is also intended only for testing, and should be removed
before moving into a production environment.

Remove test database and access to it? [Y/n] ⑧[Enter]を入力
 - Dropping test database...
 ... Success!
 - Removing privileges on test database...
 ... Success!

Reloading the privilege tables will ensure that all changes made so far
will take effect immediately.

Reload privilege tables now? [Y/n] ⑨[Enter]を入力
 ... Success!

Cleaning up...

All done!  If you've completed all of the above steps, your MariaDB
installation should now be secure.

Thanks for using MariaDB!
```

■WordPress用のデータベースを作成する

WordPressで利用するデータベースを作成します。次のようにmysqlコマンドを実行し、rootユーザーでMariaDBに接続します。このとき、先に設定したパスワードが求められます。

【DBサーバー上で実行】

```
$ mysql -u root -p
Enter password: パスワードを入力
```

すると、ウェルカムメッセージが表示されたあと、

```
MariaDB[none]>
```

のようにMariaDBのコマンドプロンプトが表示されます。

ここでSQLを実行することで、データベースの各種操作ができます。

まずは、データベースを作成するため、次のように入力します。ここでは、データベース名を「wordpress」としました。

```
MariaDB[none]> CREATE DATABASE wordpress DEFAULT CHARACTER SET utf8 COLLATE
utf8_general_ci;
```

続いて、ユーザーを作成します。

ここでは「wordpress」というユーザーを作成します。パスワードは「wordpresspasswd」とします。

wordpressユーザーには、いま作成したwordpressデータベースに対して、すべてのアクセス権を与えます。

```
MariaDB[none]> grant all on wordpress.* to wordpress@"%" identified by
'wordpresspasswd';
```

Memo
「wordpress@"%"」の部分が、作成するユーザー名に相当します。「@」は「接続元のホスト」を示し、「%」はすべてのホストを示します。つまり「wordpress@"%"」は、「どこからでも接続できるwordpressというユーザー」のことです。

上記の権限を反映させるため、flush privilegesを実行します。

```
MariaDB[none]> flush privileges;
```

以上でデータベースの作成は完了です。

作成したwordpressユーザーが、本当に登録されているかどうかを確認するため、次のSELECT文を実行してください。

```
MariaDB[none]> select user, host from mysql.user;
```

結果は、次のようになるはずです。

```
+-------------+-----------+
| User        | Host      |
+-------------+-----------+
| wordpress   | %         |
| mariadb.sys | localhost |
| mysql       | localhost |
| root        | localhost |
+-------------+-----------+
4 rows in set (0.001 sec)
```

wordpressユーザーが接続元ホスト「%」として登録されているため、wordpressユーザーはすべてのホストから接続できるはずです。

以上で、すべての設定が終わりました。exitと入力して、mysqlコマンドを終了してください。

```
MariaDB[none]> exit;
```

■自動起動するように構成する

最後に、このDBサーバーが起動したときに、MariaDBを自動的に起動するように構成しておきましょう。そのためには、次のコマンドを実行します。

【DBサーバー上で実行】

```
$ sudo systemctl enable mariadb
```

8-3 WebサーバーにWordPressをインストールする

以上で、DBサーバーの設定は完了です。次に、WebサーバーにWordPressをインストールしていきます。

■PHPの最新版をインストールする

WordPressの最新版は、PHPバージョン7.4以上の環境を推奨されています。そこで、次のようにしてPHP8.1をインストールします。

```
$ sudo dnf -y install php8.1
```

■PHPやMariaDBのライブラリのインストール

WordPressを使うには、PHPおよびいくつかのPHPのライブラリが必要です。

そこでまず、次のようにして、WordPressの実行に必要なライブラリをインストールします。

【Webサーバー上で実行】

```
$ sudo dnf -y install php8.1-mbstring php-mysqli
```

次に、WebサーバーからDBサーバー上のMariaDBへの疎通確認もしておきましょう。まずは、次のようにして、MariaDBコマンドをインストールします。

【Webサーバー上で実行】

```
$ sudo dnf -y install mariadb105-server
```

mysql コマンドが使えるようになったら、次のコマンドを入力してください。

【Web サーバー上で実行】
```
$ mysql -h 10.0.2.10 -u wordpress -p
```

指定している「10.0.2.10」は、DB サーバーの IP アドレスです。「-u wordpress」は、wordpress ユーザーで接続するという意味です。そして「-p」は、パスワードを必要とするという意味です。

接続するとパスワードが求められます。これは grant コマンドで指定したものであり、本書の例では、「wordpresspasswd」です。

接続できて、MariaDB のプロンプトが表示されたら、「exit」と入力して終了してください。

```
MariaDB[none]> exit
```

■WordPress のダウンロード

実行環境が整ったところで、WordPress をインストールしていきます。

WordPress は、dnf コマンドではインストールできません。提供元のサイトからソースファイルをダウンロードする必要があります。

最新版は WordPress 日本語版のページ（https://ja.wordpress.org/）にあり「https://ja.wordpress.org/latest-ja.tar.gz」という URL からダウンロードできます。

次のように wget コマンドを入力して、ホームディレクトリ（/home/ec2-user）にダウンロードしてください。

【Web サーバー上で実行】
```
$ cd ~
$ wget https://ja.wordpress.org/latest-ja.tar.gz
```

■展開とインストール

ダウンロードしたら、展開します。

【Web サーバー上で実行】
```
$ tar xzvf latest-ja.tar.gz
```

展開すると wordpress ディレクトリができるので、そのディレクトリに移動します。

【Webサーバー上で実行】
```
$ cd wordpress
```

このディレクトリの中身が、WordPressのプログラム一式です。Webサーバーソフトである Apacheから見える場所に配置しましょう。

デフォルトの構成では、/var/www/htmlディレクトリです。そこに、コピーしましょう。

【Webサーバー上で実行】
```
$ sudo cp -r * /var/www/html/
```

コピーしたら、それらのファイルの所有者／グループを、apache／apacheに変更します。

【Webサーバー上で実行】
```
$ sudo chown apache:apache /var/www/html -R
```

8-4 WordPressを設定する

以上で、WordPressのインストールが終わりました。各種設定をしていきましょう。

■Apacheの起動

まずは、Apacheを起動してください。次のようにします。

【Webサーバー上で実行】
```
$ sudo systemctl start httpd
```

Memo すでに起動しているときには、「sudo systemctl restart httpd」として再起動してください。起動し直さないと、インストールしたPHPが有効になりません。

■WordPressを初期設定する

これでWebサーバーにアクセスしたときに、WordPressの初期設定画面が表示されるはずです。

まずは、AWSマネジメントコンソールのEC2タブから［インスタンス］を開き、Webサーバーに割り当てられているパブリックDNS名（もしくはパブリックIPアドレス）を調べましょう（図8-2）。

次に、Webブラウザを使って、このパブリックDNS名（もしくはパブリックIPアドレス）に接続します（**図8-3**）。すると、WordPressの設定画面が表示されるはずです。

初期設定画面では、次の手順で設定します。

【手順】WordPressを初期設定する

[1] 設定を始める

説明文が表示されます。[さあ、始めましょう！] をクリックしてください（**図8-4**）。

[2] データベースを設定する

データベースの設定画面が表示されます。DBサーバーに作成した「wordpressデータベース」の情報を入力してください（**図8-5**）。

ここまでの手順通りに進めてきた場合、入力する内容は、次の通りです。

・データベース名 wordpress
・ユーザー名　wordpress
・パスワード　wordpresspasswd
・データベースのホスト名 10.0.2.10
・テーブル接頭辞 wp_（デフォルトのまま）

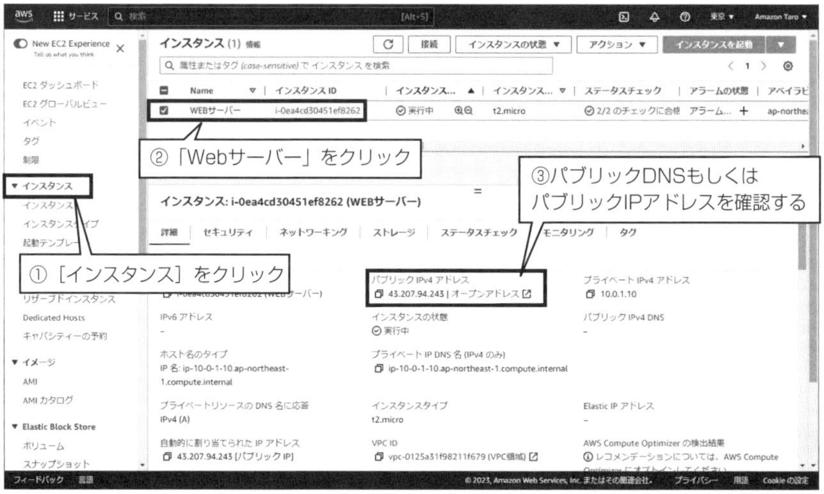

aws サービス 検索 [Alt+S] 東京 Amazon Taro
New EC2 Experience
Tell us what you think
EC2 ダッシュボード
EC2 グローバルビュー
イベント
タグ
制限
▼ インスタンス
インスタンス
インスタンスタイプ
起動テンプレート
リザーブドインスタンス
Dedicated Hosts
キャパシティーの予約
▼ イメージ
AMI
AMI カタログ
▼ Elastic Block Store
ボリューム
スナップショット
インスタンス (1) 情報
接続 インスタンスの状態 アクション インスタンスを起動
属性またはタグ (case-sensitive) でインスタンスを検索
Name インスタンスID インスタンス... インスタンス... ステータスチェック アラームの状態 アベイラビ
WEBサーバー i-0ea4cd30451ef8262 実行中 t2.micro 2/2 のチェックに合格 アラーム... ap-northe
②「Webサーバー」をクリック
③パブリックDNSもしくは
パブリックIPアドレスを確認する
インスタンス: i-0ea4cd30451ef8262 (WEBサーバー)
詳細 セキュリティ ネットワーキング ストレージ ステータスチェック モニタリング タグ
①［インスタンス］をクリック
パブリック IPv4 アドレス
43.207.94.243 | オープンアドレス
プライベート IPv4 アドレス
10.0.1.10
IPv6 アドレス
-
インスタンスの状態
実行中
パブリック IPv4 DNS
-
ホスト名のタイプ
IP 名: ip-10-0-1-10.ap-northeast-1.compute.internal
プライベート IP DNS 名 (IPv4 のみ)
ip-10-0-1-10.ap-northeast-1.compute.internal
プライベートリソースの DNS 名に応答
IPv4 (A)
インスタンスタイプ
t2.micro
Elastic IP アドレス
-
自動的に割り当てられた IP アドレス
43.207.94.243 [パブリック IP]
VPC ID
vpc-0125a31f98211f679 (VPC領域)
AWS Compute Optimizer の検出結果
レコメンデーションについては、AWS Compute
フィードバック 言語
© 2023, Amazon Web Services, Inc. またはその関連会社。 プライバシー 用語 Cookie の設定

図8-2 パブリックDNS名を調べる

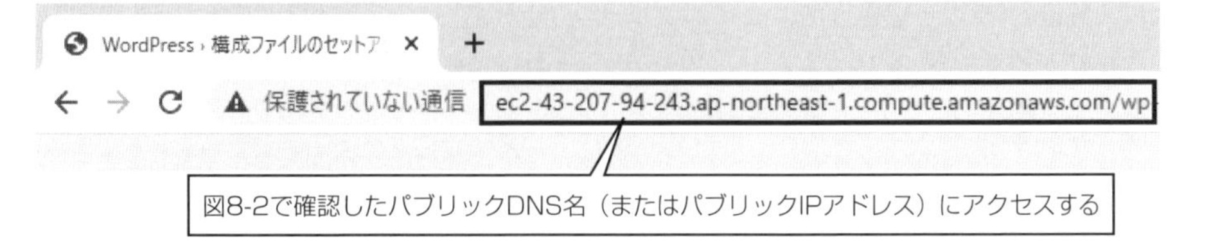

図 8-3　パブリック DNS 名にアクセスする

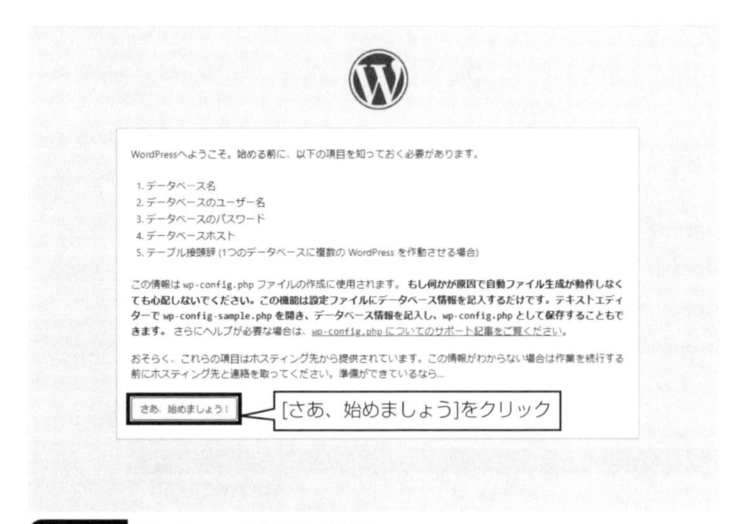

図 8-4　WordPress の設定を始める

［3］　インストールを実行する

［インストール実行］ボタンをクリックします（**図 8-6**）。

［4］サイトのタイトルや管理者情報を入力する

最後に、サイトのタイトルや管理者のユーザー名、パスワードなどを入力します。

管理者のユーザー名は、ここでは「admin」とします。パスワードはランダムなものが設定されますが、変更することもできます（**図 8-7**）。

以上で初期設定が完了し、WordPress の管理ページが表示されます。

初期設定が済んだら、もう一度、Web サーバーにアクセスしてみましょう。今度は、**図 8-8** に示すブログ画面が表示されるはずです。

WordPress の管理ページは、「/wp-admin/」です。この管理ページに、先ほど作成した admin アカウントでログインすれば、ブログ記事の投稿や各種管理ができます（**図 8-9**）。

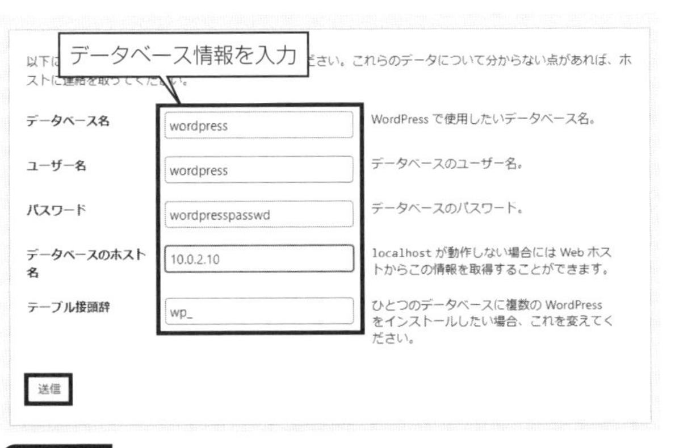

図 8-5　データベースを設定する

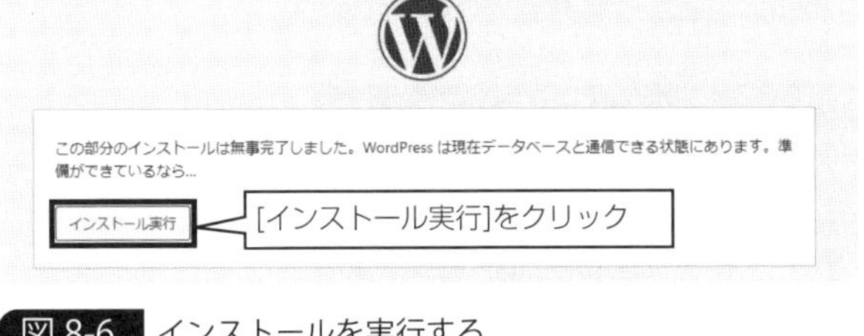
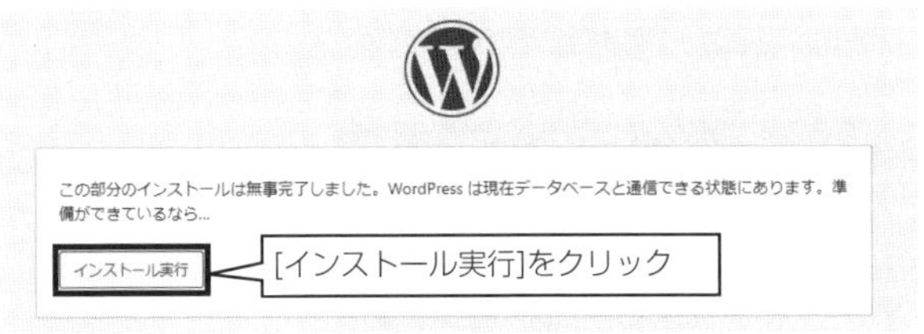

図 8-6　インストールを実行する

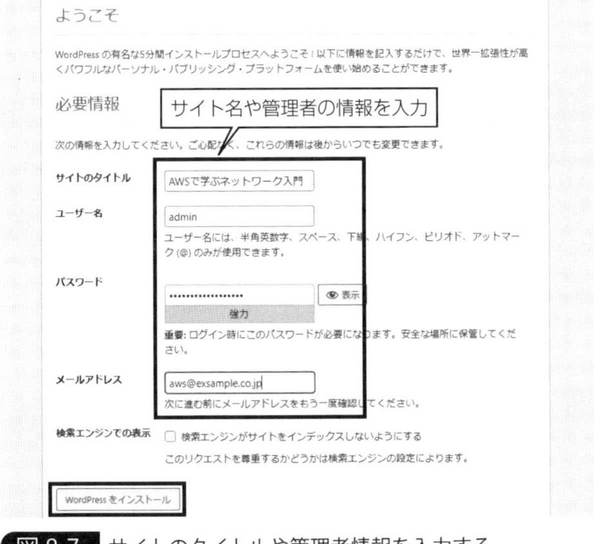

図 8-7　サイトのタイトルや管理者情報を入力する

図 8-8　インストールが完了した WordPress によるブログ表示

図 8-9　WordPress の管理ページ

8-5 まとめ

以上で、WordPressを用いたブログシステムの構築は完了です。

本書で構成したブログシステムを、改めて**図8-10**にまとめます。最後なので、ここでは、ルートテーブルも併せて示しておきます。

この構成でポイントとなるのは、インターネットに公開されているのはWebサーバーだけであるという点です。DBサーバーはプライベートサブネットに配置してあるので、インターネットから直接攻撃を受けません。

また、DBサーバーはNATゲートウエイを経由してインターネットに接続できること

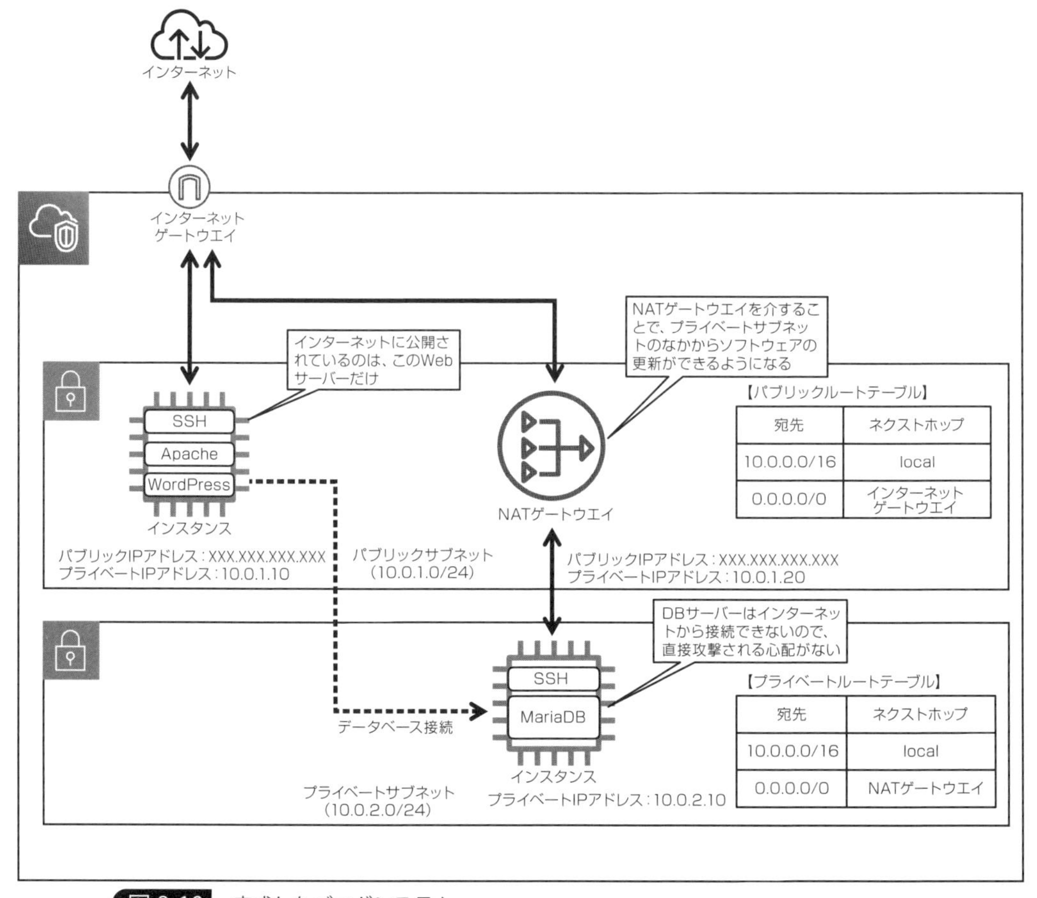

図8-10　完成したブログシステム

から、ソフトウエアのインストールやアップデート作業で不便を強いることもありません。

本書では、ここまで数多くのネットワークやサーバーを構築してきました。

・パブリックサブネットとプライベートサブネットの構築
・パブリックサブネットにWebサーバーを構築する
・プライベートサブネットにDBサーバーを構築する
・DBサーバーにソフトウエアをインストールしたりアップデートしたりできるようにするため、NATゲートウエイを構築する

最後に集大成として、この章ではWordPressとMariaDBをインストールしました。

ここまでのシステム構築を通じて、ネットワークの構築の仕方、基本的なコンセプト、便利なツールの使い方など一通り学ぶことができたでしょうか？

CHAPTER9 TCP/IP による通信の仕組みを理解する

これまで見てきた「DNS での名前解決」や「HTTP を使った通信」などのデータのやりとりは、TCP/IP の上に成り立っています。TCP/IP は、ネットワーク状況に合わせて適切なデータ送信サイズを決めたり、エラーがあったときに再送したりするなど、より詳細な通信方法を定義しています。この章では、これまで実際に手で触れてきた通信について、その定義や仕組みを説明します。

9-1 TCP/IP とは

ここまで、「構築した Web サーバーにローカル環境の Web ブラウザから接続して、Web ページを表示する」という一連の操作のなかで、「IP アドレス」「ポート番号」「DNS」「HTTP」について、次のことを説明しました。

【IP アドレス】
・IP アドレスは、ネットワーク上の通信先を一意に特定するもの。ICANN という団体によって管理されている
・IP アドレスには「パブリック IP アドレス」と「プライベート IP アドレス」がある。インターネットを通じて通信するには「パブリック IP アドレス」が必要。インターネットとは直接通信しない「プライベートなネットワーク」のなかでは、プライベート IP アドレスを自由に利用できる
・IP アドレスを使った通信は、ルーターがパケットをバケツリレーのように転送することで実現している。パケットを、次にどこに渡せばよいかというルーティング情報は、EGP や IGP を使って交換する

【ポート番号】
・ポート番号を使うことで、1つの IP アドレスで同時に複数のアプリケーションが通信できる
・「Web」や「DNS」、メール送受信向けの「SMTP」など、よく使われるサービスは利用

するポート番号が決まっており、それを「ウェルノウンポート」と呼ぶ
・Webサーバーは、ウェルノウンポートとしてポート80番を用いる

【DNS】
・IPアドレスは数字の羅列で覚えにくいため、一般にブラウザからのアクセスは、「ドメイン名」を使う
・ドメイン名を使って通信する際には、ドメイン名が、どのパブリックIPアドレスなのかを知る必要がある。「ドメイン名とIPアドレス」との相互変換をすることを「名前解決」という
・名前解決には、DNSサーバーを用いる

【HTTP】
・WebサーバーとWebブラウザは、HTTPを用いてデータをやりとりする

■TCP/IPモデル

これらの一連の処理は、「TCP/IPモデル」という通信モデルで構成されています。
役割ごとに4つの階層に分けたモデルです（**表9-1**）。各層には、その層の役割を果たす各プロトコルがあります。

Memo TCP/IPモデルは、ISO（国際標準化機構）が定めた7階層からなる「OSI（Open Systems Interconnection）参照モデル」を、TCP/IP向けにアレンジしたモデルです。

層	役割	代表的なプロトコル
アプリケーション層	ソフトウエア同士が会話する	HTTP、SSH、DNS、SMTP
トランスポート層	データのやりとりの順番を制御したり、エラー訂正したりするなど、信頼性を高めたデータの転送を制御する	TCP、UDP
インターネット層	IPアドレスの割り当て、ルーティングをする	IP、ICMP、ARP
インタフェース層	ネットワーク上で接続されている機器同士で通信する	Ethernet、PPP

表9-1　TCP/IPモデルの階層

階層化されている理由は、各階層を独立させるためです。上位の階層は下位の階層が何でもよく、また下位の階層は上位の階層の内容は分からなくてもよい、という構造になっています。

Memo これは下位の階層を交換可能ということを意味します。現在、インターネット接続には「Ethernet」（LAN）を用いるのが主流です。これはインタフェース層です。しかし昔は、電話回線でインターネットに接続するのが主流でした。電話回線では、Ethernetではなく「PPP」というプロトコルを使います。これもインタフェース層です。インタフェース層よりも上の階層では、実際に通信しているのが「Ethernet」か「PPP」か、もしくはそれ以外なのかを気にすることなく通信できます。

■データのカプセル化

これらの階層を意識して、「構築したWebサーバーにローカル環境のWebブラウザから接続して、Webページを表示する」という操作のうち、「DNSが名前解決する」という処理に焦点を当てて、何が起きているのかをもう少し詳しく見てみましょう。

①名前解決リクエストの作成（アプリケーション層）

Webブラウザは、アドレス欄に入力されたURL（たとえば「http://www.example.co.jp/」）からドメイン名（www.example.co.jp）を抜き出し、名前解決をしようとします。

DNSサーバーに対して名前解決の処理を依頼するため、DNSプロトコルで定められたフォーマットに従い、名前解決のリクエストデータを作成します（**図9-1**）。

図9-1 名前解決のリクエストデータ

② UDPでカプセル化（トランスポート層）

①のデータを送信するには、そのデータをトランスポート層に渡す必要があります。このとき、①のデータがトランスポート層のプロトコルで「カプセル化」されます。

カプセル化とは、郵便でいえば「封筒に入れる」というイメージの処理です。郵便の場合、手紙の内容は何であれ、封筒に入れて宛先を書けば郵便局に処理を頼めます。郵便局は、その封筒の内容を知る必要はありません。

カプセル化もこれと同様に、中身に手を加えずに、さらに下の階層で処理ができるようにデータを付与します。

トランスポート層のプロトコルは、「TCP（Transmission Control Protocol）」か「UDP（User

Datagram Protocol)」のいずれかです。DNS では、一般に「UDP」を使う取り決めになっているため、UDP に引き渡します。

このとき、「送信元のポート番号」「宛先ポート番号」「データの長さ」「エラーがないかどうかを調べるチェックサム」などの情報が追加されます。DNS の場合、ウェルノウンポートは 53 番なので、宛先ポート番号は「53」が設定されます。これらを「UDP ヘッダー」と呼びます（**図 9-2**）。

Memo DNS は元来 UDP で通信する規格ですが、近年は規約が改正され、TCP で通信することもあります。

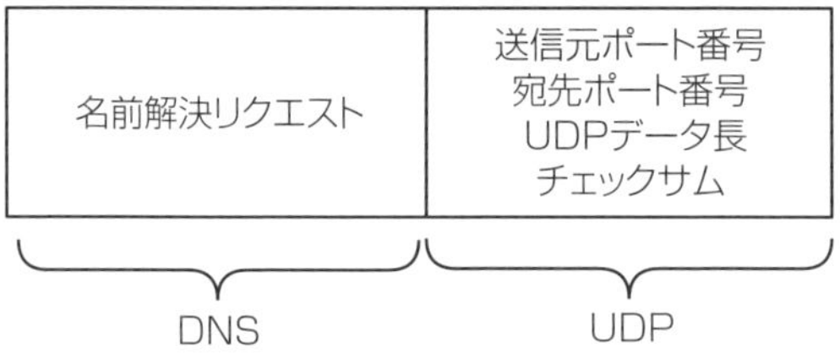

名前解決リクエスト
送信元ポート番号
宛先ポート番号
UDPデータ長
チェックサム
DNS
UDP

図 9-2　UDP でカプセル化されたデータの中身

③ IP でカプセル化（インターネット層）

次に、②のデータをインターネット層に渡します。

インターネット層のプロトコルは IP です。IP でのカプセル化では、「送信元 IP アドレス」「宛先 IP アドレス」「データ長」「生存時間」などの情報が追加されます。これらを「IP ヘッダー」と呼びます（**図 9-3**）。

Memo 「生存時間（TTL:Time To Live）」は、何回ルーターを通ったら破棄するかという値です。この値によって、パケットが行ったり来たりを無限に繰り返してしまう状態を防ぎます。

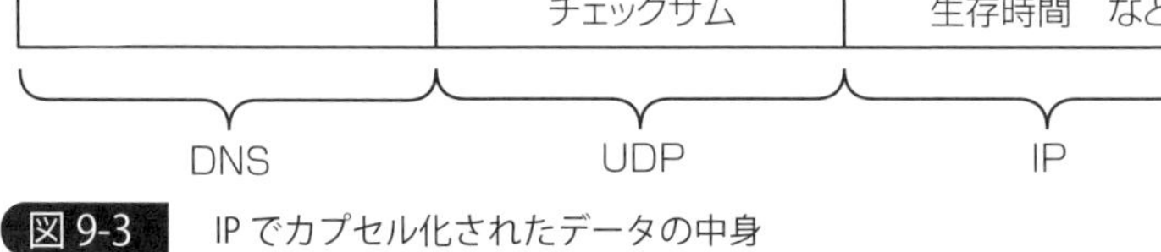

図 9-3　IP でカプセル化されたデータの中身

④ Ethernetでカプセル化（インタフェース層）

③の段階でIPアドレスが付くので、実際に「LAN」や「電話回線」などの「配線上」に流すことができます。このとき、それぞれの「配線の規格」に準拠したヘッダーがいくつか付けられます。

たとえばLANは、「Ethernet」という規格を使っています。Ethernetでは、先頭と末尾にいくつかのデータが追加されます（**図9-4**）。これを「Ethernetフレーム」と言います。

Ethernetフレームには、「送信元MACアドレス」や「宛先MACアドレス」などの情報が含まれます。

FCS	名前解決リクエスト	送信元ポート番号 宛先ポート番号 UDPデータ長 チェックサム	送信元IPアドレス 宛先IPアドレス データ長 生存時間　など	送信元MACアドレス 宛先MACアドレス
Ethernet	DNS	UDP	IP	Ethernet

図9-4　Ethernetフレームの構造

なおEthernetフレームは、全体の長さ（各層のヘッダー込み）が最大1518バイト以内と定められています。

そのため、大きなデータを送信する場合はいくつかに分割されます。分割される場合、Ethernetフレーム内で連番管理され、順序が正しくなるよう、送受信の工程でうまく並び替えられます。

Memo　パケットにはヘッダーが付くため、パケットのサイズが小さく数が多いと、パケットの分だけヘッダーの数が増え、結果としてオーバーヘッドが大きくなります。そこで、Ethernetフレームの最大長を1518バイトではなく、8～16Kバイト程度にまで広げた規格もあります。それが「ジャンボフレーム対応」と呼ばれるものです。ジャンボフレーム対応のEthernetカードやハブを使うと、パケット長が大きくなるのでやりとりするパケット数が減ります。こうしてオーバーヘッドが減り、高速にデータを送受信できるようになります。

■EthernetとTCP/IPの関係

Ethernetで通信するパソコンやサーバー、各種ネットワーク機器などのホストには、唯一無二の「MACアドレス」と呼ばれる番号が振られています。パソコンやネットワーク機器には、「05:0c:ce:d8:1b:a1」のような文字列シールが貼られていることがありますが、これがMACアドレスです。

MACアドレスはメーカーの工場出荷時に、重複がないように定められます。

Memo MACアドレスは、IPアドレスとは違ってユーザーが決めるものではなく、工場出荷時に定められるものです。しかし一部製品には、MACアドレスを変更できるものがあります。

●ARPでIPアドレスを解決する

Ethernetでは、MACアドレスを頼りにデータを送信します。つまり「05:0c:ce:d8:1b:a1宛に送信する」というように宛先を特定します。

Ethernetのデータ通信では、Ethernetフレームだけを見て、中身のIPまでは見ません（そもそもEthernetでは、Ethernetフレームさえ付いていればどのようなデータも送受信できるので、中身がIPとは限りません）。

そうすると、「どのMACアドレスをもつホストが、どのIPアドレスに対応しているのか」という対応表が必要となります。これを解決するのが、「ARP（Address Resolution Protocol）」というプロトコルです。

たとえば、「10.0.1.10」というIPアドレスにデータを送信したいとします。最初に送信するときは、このIPアドレスを持つホストがどのMACアドレスを持っているのかわかりません。

そこで、「10.0.1.10というIPアドレスを持っているホストは誰ですか？」と問い合わせます（ARP要求）。すると、そのIPアドレスを持っているホストは、「僕です。MACアドレスは05:0c:ce:d8:1b:a1です」という応答（ARP応答）を返します。

これによって「10.0.1.10と05:0c:ce:d8:1b:a1」とが結びつき、対応表を作れます。

以降の通信では、この対応表を使って、「もし、10.0.1.10が宛先なら、05:0c:ce:d8:1b:a1

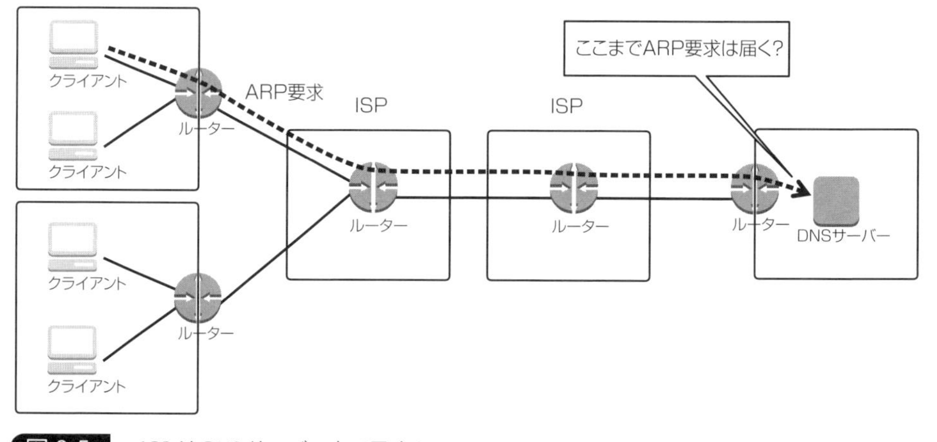

図9-5　ARPはDNSサーバーまで届く？

に送信する」ようにします。

●ARPの範囲

ここで、ひとつ疑問が生じます。このARP要求は、どの範囲まで届くのでしょうか？

今回の例では、DNSサーバーにパケットを送信したいわけですが、クライアントが送信したARP要求はDNSサーバーまで届くのでしょうか（**図9-5**）。

残念ながら、ARP要求はDNSサーバーまでは届きません。なぜなら、ARP要求はルーターを超えることができないからです。ARP要求で調べられるMACアドレスとIPアドレスの対応は、自分が所属しているサブネット内にとどまります。

ルーターを超える場所にデータを転送するときは、そのルーターまでまずはEthernetで届けます。

受け取ったルーターは、そのパケットをIPの部分まで取り出します。そして、もう一方のインタフェースから再送出します。このとき、もう一方のインタフェースがEthernetなら、ふたたびEthernetヘッダーを付けます。

こうして次のルーターもまた、IPの部分まで取り出してEthernetヘッダーを付け替え、もう片側のネットワークへと送出します。これを繰り返しながら、最終的にDNSサーバーに届きます（**図9-6**）。

インターネットに向けて通信する場合、最寄りのルーターとは「デフォルトゲートウエイ」

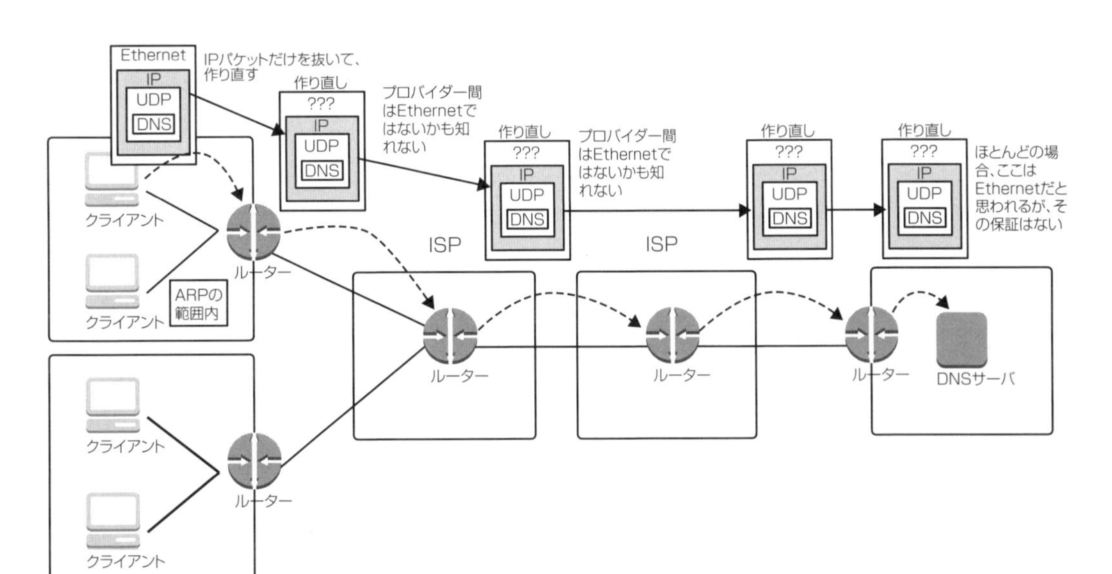

図9-6　ルーターでパケットが再構築される

で指定されたものです（**図 9-7**）。

Memo IPアドレスが自動設定になっているときは、デフォルトゲートウエイも自動設定されます。

図9-6に示したように、クライアントが作ったEthernetフレームは、そのままDNSサーバーへ届くわけではありません。届くのは最寄りのルーターまでです。そこから先は、ルーターがEthernetヘッダーを付け替えて、DNSサーバーに向けて送信します。

ヘッダーを付け替える理由は、サブネットごとに利用している物理的な配線が違うかも知れないからです。我々はEthernetを使っていますが、プロバイダーの内部では、Ethernet以外を使っている可能性もあります。もし同じEthernetだったとしても、フレームの最大長が異なる可能性があります。

ルーターは、TCP/IPモデルの「インターネット層」のレベルで動作するネットワーク機器です。ですから、インターネット層の中身である「IPアドレス」を見て、データの送出先を決めます。

ここまで、DNSの名前解決リクエストがDNSサーバーに送信するところまでを説明しました。

このパケットがDNSサーバーに届くと、実際に名前解決をし、その結果をDNSプロトコルに従ってクライアントに返します。この流れは、いま見てきたものとちょうど逆の流

図 9-7 デフォルトゲートウエイの設定

FCS	GETやPOST などのコマンド	送信元ポート番号 宛先ポート番号 TCPデータ長 シーケンス番号	送信元IPアドレス 宛先IPアドレス データ長 生存時間　など	送信元MACアドレス 宛先MACアドレス
Ethernet	HTTP	TCP	IP	Ethernet

図 9-8　HTTP 通信でやりとりするパケット

れになります。

DNS のやりとりの結果、Web ブラウザはドメイン名に対応する IP アドレスが分かります。

すると今度は、その IP アドレスに、HTTP で接続します。HTTP リクエストデータは、CHAPTER5 で説明した通り、「GET」や「POST」から始まる文字列データです。このような文字列データを作り、今度は TCP に引き渡します。

こうして TCP のヘッダーが付き、さらに IP や Ethernet のヘッダーが付いて、最終的に送出されます（**図 9-8**）。

9-2 UDP と TCP

TCP/IP で通信する場合、アプリケーションのデータを相手に届けるには、「UDP」と「TCP」の 2 通りの通信方法があります。

■UDP でのデータ通信

UDP は、「ステートレスプロトコル」と呼ばれる、状態を持たないプロトコルです。

UDP の構造は単純で、「送信元ポート番号」「宛先ポート番号」のほかには、「データの長さ」と「チェックサム」しかありません（**図 9-9**）。

Memo チェックサム（checksum）とはデータの総和を検算することで、データに誤りがないかを調べる仕組みです。

パケットは、①データの長さが正しいか、②チェックサムによりデータが壊れていないかのチェックだけはされますが、それ以外のエラーチェックはありません。

UDP は「送りっぱなしのプロトコル」です。相手の受け入れ体制が整っていない場合、再送されることなく、そのまま破棄されます。相手がパケットを受け取ったのかどうかを確認する手段もありません。さらには、パケットの到着順序も保証されず、あとから送っ

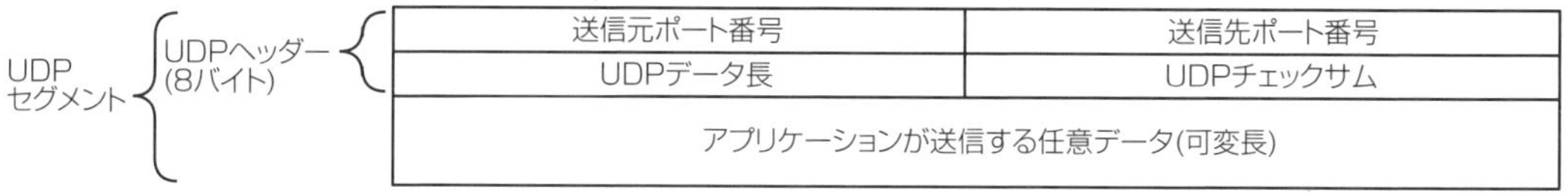

UDP セグメント ― UDPヘッダー (8バイト)

送信元ポート番号	送信先ポート番号
UDPデータ長	UDPチェックサム
アプリケーションが送信する任意データ(可変長)	

図 9-9 UDP のデータ構造

たパケットが先に届くこともあり得ます。

一方で、UDP はやりとりが単純な分だけ、高速に送れます。

DNS サーバーへのリクエストのように、データが 1 パケットに収まる場合や、送信したパケットが前後してもよい場合、相手から返答がないときには再度処理すればよい場合などでは、UDP が適しています。

■TCP でのデータ通信

しかしアプリケーションによっては、高い信頼性を必要とするものもあります。

たとえば Web ブラウザで入力したデータを HTTP 経由で Web サーバーに送り、データベースに格納するような場合です。

この処理の途中で、データの一部が欠けたり、送ったときとは違う順序でデータベースに保存されたりすると困ります（**図 9-10**）。

こういった状況に適するプロトコルが「TCP」です。TCP は Transmission Control Protocol の略で、まさに「転送コントロール」をするためのプロトコルです。TCP は UDP と違い、双方向の通信が可能です。

●3 ウェイハンドシェークと確認しながらの送受信

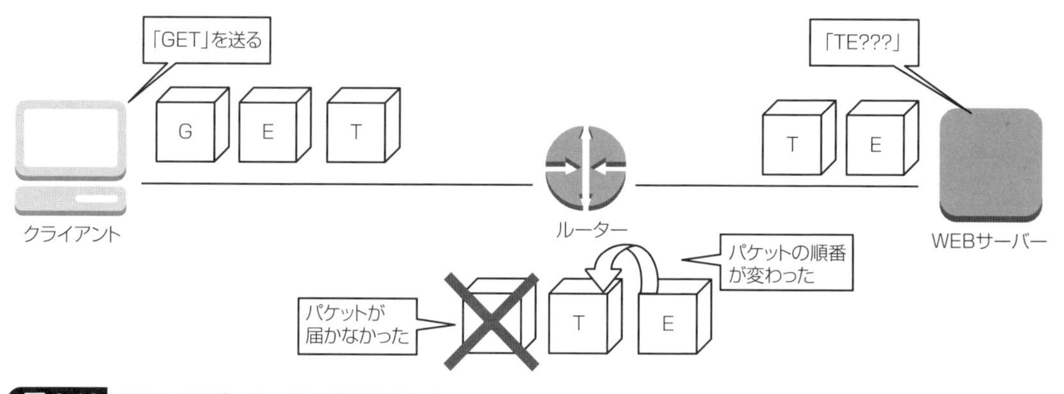

図 9-10 UDP ではデータの順序が保証されない

TCPでは、自分と通信相手との間に「コネクション」を確立します。コネクションというのは、仮想的な通信経路のことです。

電話でいえば、「もしもし」「はい聞こえています」「OKですね」というやりとりをしている状態です。

TCPでのこのやりとりは、「3ウェイハンドシェーク」と呼ばれています。TCPではまず、通信相手との「3ウェイハンドシェーク」で相手との疎通を確認し、その後にデータを送受信し始めます（**図9-11**）。

図に示した「SYN」と「ACK」は、TCPの通信状態を示す「フラグ」です。次のフラグがあります。

・SYN　通信を開始したいことを示す
・ACK　受領の合図を示す
・URG　緊急データが入っていることを示す
・PSH　即時送信データがあることを示す
・RST　エラーなどで通信をリセットしたいことを示す
・FIN　通信を終了したいことを示す

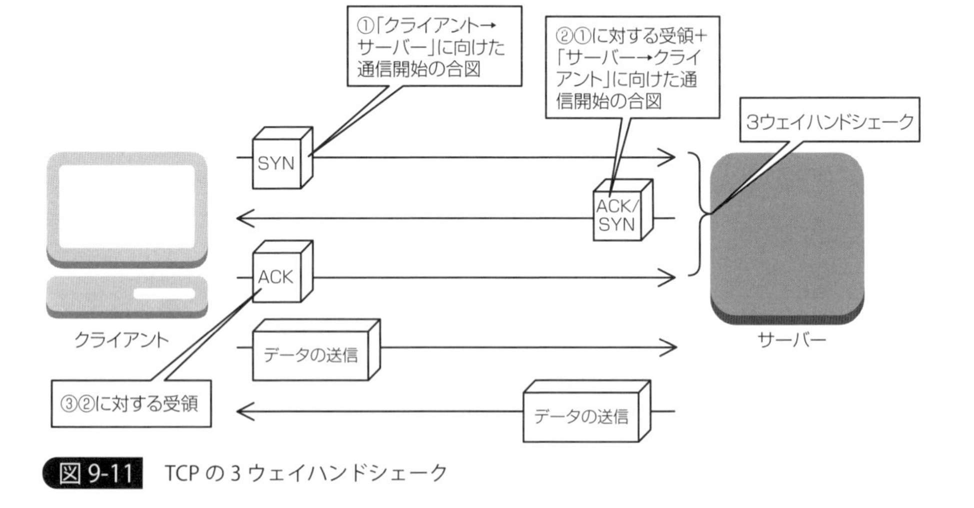

図9-11　TCPの3ウェイハンドシェーク

Column 相手からの着信を受け入れない設定

ファイアウォールの設定で、「自分から通信を始める」のはよいけれど、「相手から自分側に接続されてくるのは拒否したい」という構成にしたい場合があります。

そのときには、TCP/IPの3ウェイハンドシェークの仕組みを利用して、「SYNが付いたパケットは通さない」という設定をします。すると、通信の開始をするパケットを受け入れないことになり、結果として「相手から自分側に接続される」のを拒否できます。

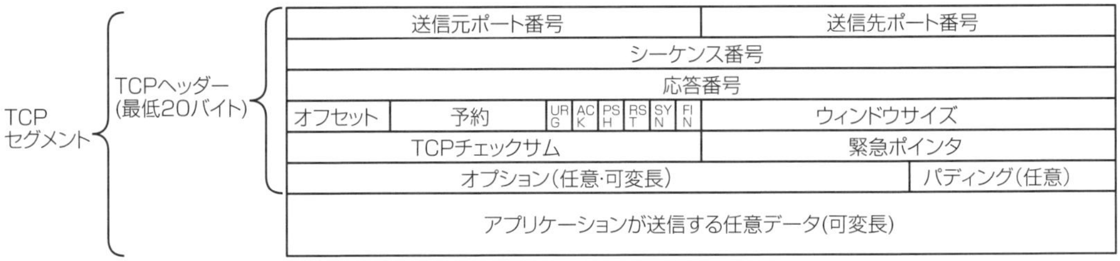

図9-12　TCPのデータ構造

●順序を直すためのシーケンス番号

TCP通信で肝となるのが、「ACK」の存在です。TCPのデータ構造は、**図9-12**のようになっています。

TCPでは、パケットに「シーケンス番号」を付けてやりとりします（**図9-13**）。シーケンス番号は、通し番号で、データの順序を示します。

ACKを返すときには、「次に欲しいシーケンス番号」を「応答番号」として返します。もし、順序が正しくなかったり欠落したりした場合には、「再送して欲しいシーケンス番号」を返すことで、そこから再送してもらえます。

送信側は、ACKと応答番号を確認することで、確実に相手に届いたかどうかを判断できます。

データの再送は、TCPが自動的に行います。それよりも上位のプロトコルであるHTTPなどでは、再送が行われたかどうかを気にする必要はありません。

Memo 図9-13では、わかりやすくするため、シーケンス番号が1ずつ増えていますが、実際には、受信したバイト数だけ増えます。またシーケンス番号は1から始まりません。シーケンス番号がわかると、悪意ある第三者がACKを横取りしてセッションハイジャックできる恐れがあるため、セッション番号の開始番号は、予測不能なランダムな番号が使われます。

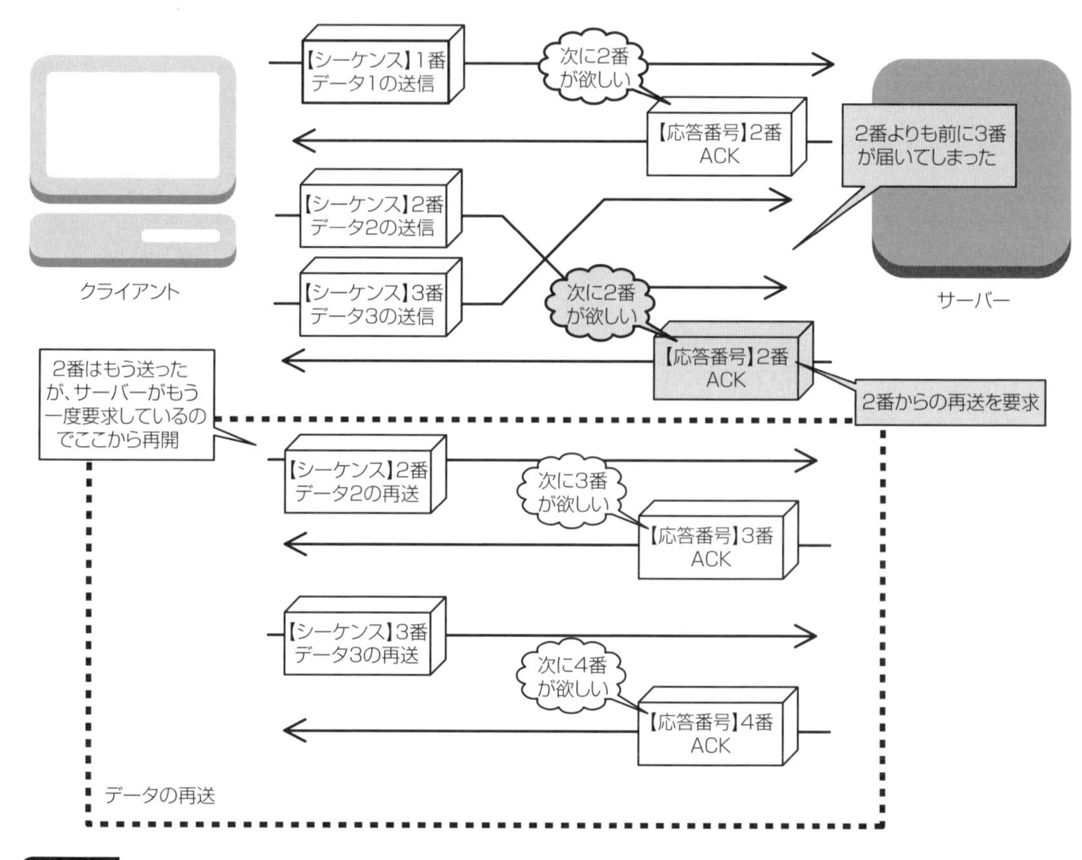

図 9-13　シーケンス番号を使ったデータ順序の確認

9-3 まとめ

この章では、主に次の2つを説明しました。

① TCP/IP においてパケットが送受信される仕組み

TCP/IP モデルは「アプリケーション層」「トランスポート層」「インターネット層」「インタフェース層」の4層に分かれ、それぞれがヘッダーを付けて下の層へとデータを渡します。

Ethernet の場合は最終的に、MAC アドレスを宛先としてデータを送信します。MAC アドレスと IP アドレスとは、ARP で変換します。

ARP の到達範囲はルーターまでです。ルーターを超える場合、ルーターが Ethernet ヘッダーを付け替え、もう一方のネットワークへと転送します。

② UDP と TCP の違い

トランスポート層には、「UDP」と「TCP」があります。UDP は相手に届くことを保証しないプロトコル、TCP は確認しながら送信するプロトコルです。

TCP は通信を始める際に、「SYN」「SYN+ACK」「ACK」の一連のパケットをやりとりします。これを3ウェイハンドシェークと言います。

TCP で送受信するデータには、「シーケンス番号」という連番が付けられます。ACK は受領を示すフラグであり、「次に欲しいシーケンス番号」を「応答番号」として返します。

このように ACK のやりとりによって、相手が正しく受け取ったかどうかを確認しながらデータを送受信するのが TCP です。

いかがでしたでしょうか。情報量の多い章だったので、読み進めるのに苦労したかも知れません。

しかし、TCP/IP のカプセリングや TCP と UDP の定義は、今後ネットワークやインフラに携わっていくうえで必ず理解すべきコンセプトです。

また、インターネット上のサービスやアプリケーションはほぼすべて、この TCP/IP 上で動いているといっても過言ではありません。

是非、これまでの章と突き合わせながら理解を深めてください。

Appendix A
パケットキャプチャで通信をのぞいてみる

CHAPTER9では、TCP/IPについて詳細に解説しましたが、やはり実際に手を動かしながら触ってみると理解が深まります。そこでこのAppendixでは、パケットキャプチャソフトを用いて、実際にネットワークを流れるパケットを見てみる方法を解説します。

A-1 Wiresharkでパケットキャプチャする

TCP/IPで流れているデータは、「パケットキャプチャ」と呼ばれるソフトを使って見ることができます。ここでは、「Wireshark（https://www.wireshark.org/）」という代表的なパケットキャプチャソフトを用いて、パケットを見てみましょう。

Wiresharkは、Windows版やMac版、各種Linux版があります。Wiresharkのサイトからパッケージをダウンロードしてインストールすると、使えるようになります。

■パケットキャプチャを始める

Wiresharkでパケットキャプチャを始めるには、［キャプチャ］メニューから［オプション］をクリックします。

すると、パソコンに接続されているネットワークカードの一覧が表示されるので、パケットキャプチャしたいインタフェースを選択してダブルクリックまたは［キャプチャ］メニューから［開始］をクリックします。

ここではインターネットとの通信をパケットキャプチャしたいので、インターネットと接続されているネットワークカードを選択しましょう（図A-1）。

すると、パケットキャプチャが始まります。

Memo パケットキャプチャは、パソコンに大きな負担をかけます。テストが終わったら、［キャプチャ］メニューから［停止］を選択して停止してください。

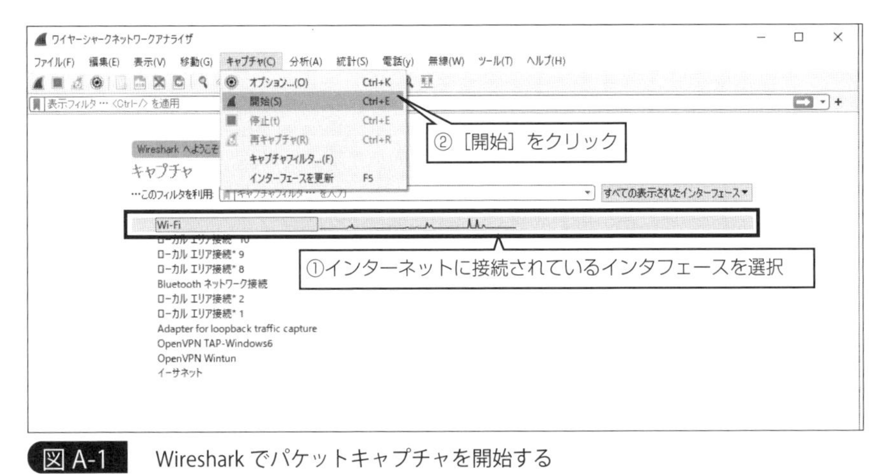

図 A-1　Wireshark でパケットキャプチャを開始する

A-2　UDP と TCP のパケットを見る

それでは実際に、UDP と TCP のパケットを、それぞれ見てみましょう。

■UDP のデータを見る

デフォルトでは、すべてのパケットをキャプチャするので、ものすごい勢いで画面表示が流れていきます。そこで、必要なものだけに絞り込む必要があります。

［Fiter:］のところに条件式を入力すると、その条件のパケットだけに絞り込めます。ここではまず、DNS のパケットを見てみましょう。

DNS のパケットは、UDP のポート 53 番で通信しています。そこで Filter: の部分に「udp.port==53」と入力してください（「=」が 2 つあるので注意）。

すると、DNS に関するパケットだけが表示されるようになります。

この状態で、コマンドプロンプトを開き、たとえば、「aws.amazon.com」を名前解決するために、

```
> nslookup aws.amazon.com
```

と入力します。すると、Wireshark で、いくつかのパケットを見つけられるはずです（**図 A-2**）。

ダンプデータなのでわかりにくいのですが、問い合わせのパケットが送られ、その応答が戻ってきていることがわかるはずです。

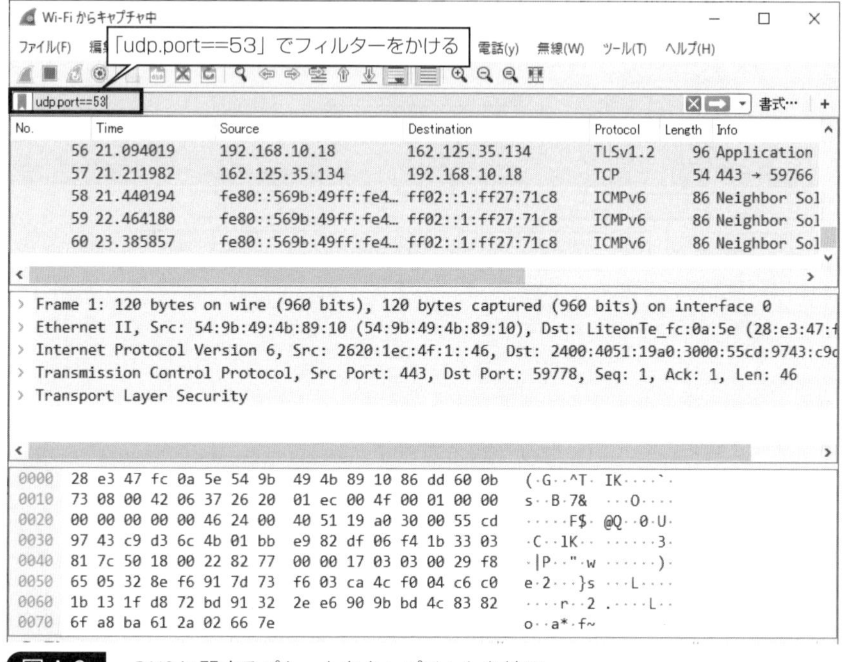

図 A-2　DNS に関するパケットをキャプチャした結果

■HTTP のデータを見る

同様にして、HTTP のデータも見てみましょう。ここでは、CHAPTER5 で作成した Web サーバーのインスタンスに Web ブラウザで接続し、そのときのパケットの状態を見てみます。

HTTP はポート 80 番で通信しているので、「tcp.port==80」と入力すれば、HTTP のパケットだけを抽出できます。

ところが HTTP は、多くのアプリケーションで使われているため、「tcp.port==80」の指定だけだと、現在実行している他のアプリケーションの通信も拾ってしまう恐れがあります。そのため、さらに、通信先の IP アドレスで制限をかけたほうが見やすい結果が得られます。

まずは、AWS マネジメントツールで［EC2 タブ］を開いて、パブリック IP アドレスを確認してください。

ここでは、**図 A-3** のように「43.207.94.243」という IP アドレスが設定されているとします。

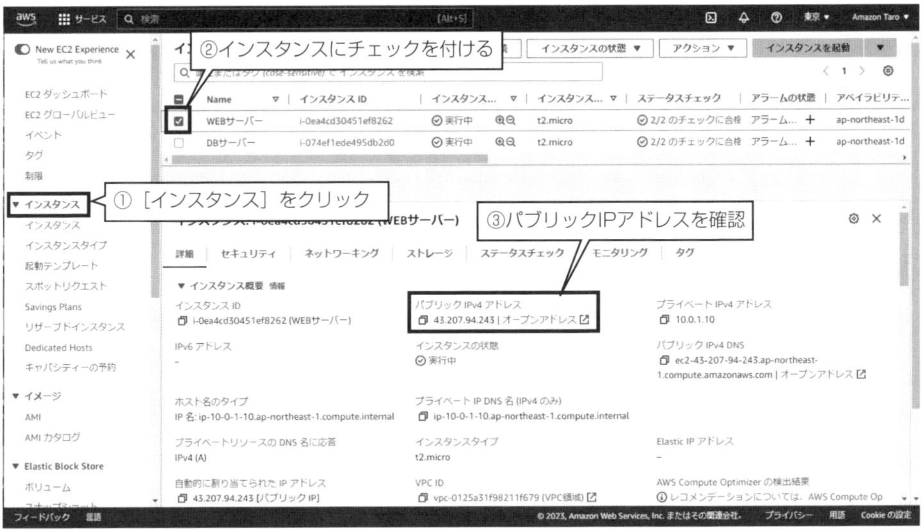

②インスタンスにチェックを付ける
①［インスタンス］をクリック
③パブリックIPアドレスを確認

図A-3　EC2インスタンスのパブリックIPアドレスを確認する

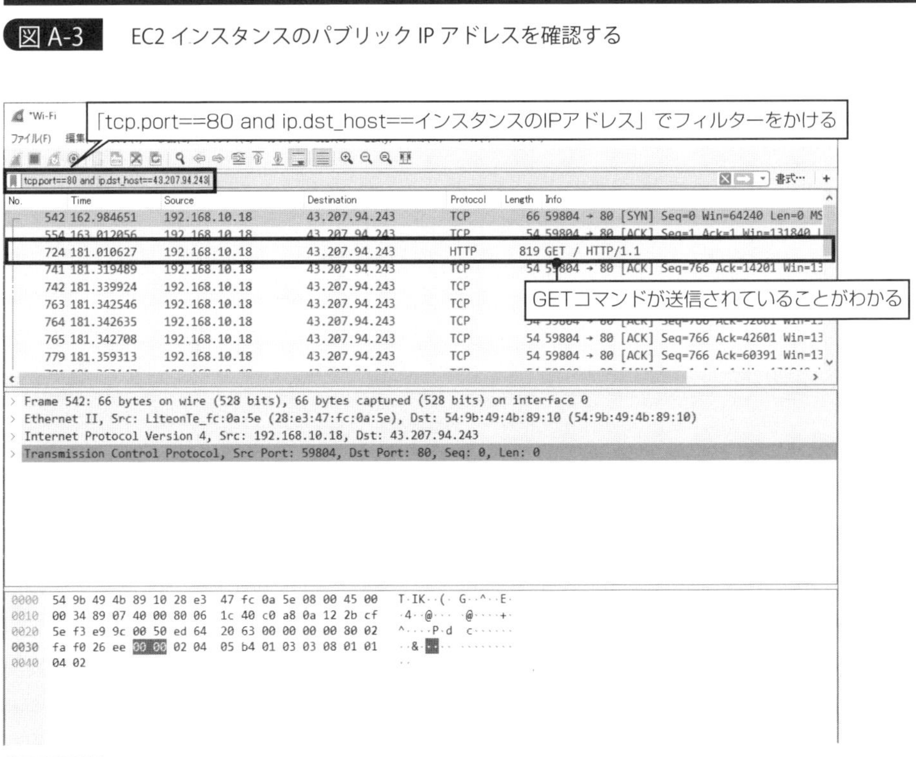

図A-4　HTTP関連のパケットをキャプチャした結果

このとき、Wiresharkの「Filter:」のところに、「tcp.port==80 and ip.dst_host==43.207.94.243」と入力してください。すると、そのIPアドレス宛のHTTP通信のみが表示されるようになります。

この状態でWebブラウザから「http://43.207.94.243/」にアクセスしてみてください。**図A-4**のようにパケットが表示されるはずです。

少しわかりにくいですが、クライアントからは、GETのリクエストが送信されていることがわかります。また、画面をスクロールしてよく見ると、3ウェイハンドシェークのために、「SYN」「SYN+ACK」「ACK」がやりとりされているのも確認できます。

Appendix B
ネットワークの管理・運用とトラブルシューティング

本編では、ネットワークを構築する方法や、その仕組みについて説明してきました。

このAppendixでは視点を変えて、ネットワークの管理に対する考え方や方法、トラブルシューティング、運用の際に使う各種ツールを説明します。

B-1 なぜネットワークを管理するのか

ネットワークを管理する理由は、問題が起きた時の原因の発見や対処、その後の再発防止策をとるためです。

そのためには、「構成の把握」と「状態の監視」が必要です。

たとえば、新しくリソースの追加が必要になったとします。構成を把握していなければ、どこにどの程度のリソースを追加すればよいか判断できません。そして状態を監視していなければ、そもそもリソースの追加が必要になったということに気づくことすらできません。

ネットワークは、システムのなかでも基盤に近い部分です。その上に配置されるアプリケーションの要求によって、柔軟に変更や追加が可能であるべきです。

新しくビジネスを進めるときに、ネットワークがボトルネックとなって開発や改修が遅れてしまわないよう、しっかりと構成や状態を把握しておくことが肝要です。

B-2 ネットワーク構成を把握する

把握しておくべき要素は、たくさんありますが、代表的な項目として、以下のものが挙げられます。

・ネットワーク全体のトポロジ
・ネットワークに割り当てられているIPアドレスブロック

・ネットワーク内に存在するサブネットと、それぞれのIPアドレスブロック
・各サブネット内に存在するインスタンス
・インスタンスが持つプライベートIPアドレスとパブリックIPアドレス
・それぞれのインスタンスの役割と、動いているアプリケーションまたはプロセス
・ルートテーブルの設定
・セキュリティグループやネットワークACLの設定

Memo ACLとは、Access Control Listの略で、通信に対するアクセス可否の設定のことです。

さらに、AWSではない物理的な環境ならば、次の項目も把握する必要があるでしょう。

・ネットワークに配置されているスイッチやルーターなどのネットワーク機器
・自分たちで管理しているパブリックIPアドレスの一覧と利用状況

細かい話まで入れると、把握すべきものはまだまだたくさんあります。
しかし上記に挙げたものだけでも、正確に把握するのは非常に骨の折れる仕事です。

■ドキュメントと構成情報を一致させる工夫

これらの情報は、ドキュメント化して管理することになります。
たとえばネットワークトポロジなら、VisioやPowerPointなどの描画ツール、IPアドレスやアクセス制御の設定はExcelを使った管理が一般的な管理方法の一つと言えるでしょう。
実際に運用する場面では、各種サーバーやネットワーク機器にログインし、ドキュメントに記載している通りに設定していきます。
これは、初期の設定だけでなく、アップデートする際も同様です。アップデートする際にはまず、ドキュメントの記載を修正し、それに合うようにサーバーやネットワーク機器の設定を修正していきます。
ドキュメントを修正するという手間を省くと、ドキュメントと実際の設定とが乖離し、何が最新なのかわからなくなってしまいます。
ところが、一度ドキュメントに記載して、それを元にサーバーやネットワーク機器を設定するのは、二度手間です。そこで、この手順を自動化する手法があります。
たとえば、Chef（http://www.getchef.com/chef/）やPuppet（http://puppetlabs.com/）、Ansible（https://www.ansible.com/）に代表されるデプロイツールの利用です。これらのデプロイツールは、テキスト形式で記述した設定ファイルの通りに、サーバーの設定やソフトウエアのインストールをしてくれます。

テキスト形式の設定ファイルは読みやすいため、そのままドキュメントとしても十分な役割を持ちます（もし、さらに見やすくしたいなら、設定ファイルから、より見やすいドキュメントに整形するスクリプトを書けばよいだけの話です）。

ただし、Chef や Puppet、Ansible が適用できるのは、多くの場合、サーバーの設定だけです。ネットワーク機器に関しては適用できません。なぜなら、ネットワーク機器をコントロールする、統一された方法がないからです。

■AWS なら設定ファイルからネットワーク構成やサーバー構成を作れる

このような状況は、AWS を使うと少し改善されます。

AWS では、「サブネットの CIDR ブロック」「セキュリティグループ」「ネットワーク ACL の設定」「ホスト（Amazon EC2 のインスタンス）の IP アドレス」などを、すべて AWS マネジメントコンソールや API を使って、設定したり確認したりできるからです。

API を使ってネットワークの構築や設定ができるということは、Chef や Puppet、Ansible などのデプロイツールで、サーバーの構成のみならずネットワークの構成も作れることを意味します。一度設定ファイルを作っておけば、同じ構成のネットワークをいくつも作るのは簡単です。

さらに、設定ファイルをバージョン管理しておけば、差分をとることで、「どの時点で、どの変更をしたか」が、すぐにわかります。万一、設定に間違いがあった場合でも、元に戻すのが容易です。

設定ファイルおよび API コールのスクリプトやアプリケーションは、自分で開発することもできますが、AWS CloudFormation（以下、CloudFormation）という AWS のサービスを使うこともできます。

CloudFormation は、EC2 や VPC など AWS の各種リソースを JSON 形式のテンプレートとして定義し、それをもとにリソースをデプロイしてくれるサービスです。

たとえば以下のテンプレートをデプロイすると、「10.0.0.0/16 という CIDR ブロック」と「インターネットゲートウエイ」を持った VPC が構築され、その中に「10.0.1.0/24 のサブネット」が作られます。そして、そのサブネットのデフォルトゲートウエイが、インターネットゲートウエイに設定されます。

```
{
  "AWSTemplateFormatVersion": "2010-09-09",

  "Description" : "Sample CloudFormation template for creating VPC",

  "Resources": {
    "VPC" : {
```

```
    "Type" : "AWS::EC2::VPC",
    "Properties" : {
      "CidrBlock" : "10.0.0.0/16"
    }
  },

  "InternetGateway" : {
    "Type" : "AWS::EC2::InternetGateway"
  },

  "AttachGateway" : {
     "Type" : "AWS::EC2::VPCGatewayAttachment",
     "Properties" : {
       "VpcId" : { "Ref" : "VPC" },
       "InternetGatewayId" : { "Ref" : "InternetGateway" }
     }
  },

  "PublicSubnet" : {
    "Type" : "AWS::EC2::Subnet",
    "Properties" : {
      "AvailabilityZone" : "ap-northeast-1a",
      "VpcId" : { "Ref" : "VPC" },
      "CidrBlock" : "10.0.1.0/24"
    }
  },

  "RouteTable" : {
    "Type" : "AWS::EC2::RouteTable",
    "Properties" : {
      "VpcId" : {"Ref" : "VPC"}
    }
  },

  "DefaultRoute" : {
    "Type" : "AWS::EC2::Route",
    "Properties" : {
      "RouteTableId" : { "Ref" : "RouteTable" },
      "DestinationCidrBlock" : "0.0.0.0/0",
      "GatewayId" : { "Ref" : "InternetGateway" }
    }
  },

  "SubnetRouteTableAssociation" : {
    "Type" : "AWS::EC2::SubnetRouteTableAssociation",
    "Properties" : {
      "SubnetId" : { "Ref" : "PublicSubnet" },
```

```
          "RouteTableId" : { "Ref" : "RouteTable" }
        }
      }
    }
}
```

CloudFormationは1つの例ですが、こういったデプロイのためのツールをうまく使うことによって、構成情報と構築の手順を誰でもわかるようにしておくことは、とても重要です。

最新の情報を簡単に確認でき、誰でも同じものを簡単に作れるという環境を目指すことで、安定した運用が望めます。

B-3 ネットワークの状態を把握する

ネットワークの状態を把握するには、ping、traceroute、nslookupなどの各種コマンドを使います。

■pingを使った疎通確認

pingコマンドは、疎通確認に使うコマンドです。本書でも何度か使ってきました。

たとえば、手元の環境からAWS上のWebサーバーに到達できるかを調べたり、WebサーバーとDBサーバーとの間で通信できるかどうかを調べたりするのに使います。

「疎通」というと、ネットワークの到達性確認の色が強く感じられますが、サーバーの死活監視にもよく利用されます。

pingコマンドの使い方は簡単で、次のように、「宛先ホスト名」もしくは「宛先IPアドレス」を指定するだけです。

```
$ ping 「宛先ホスト名」もしくは「宛先IPアドレス」
```

実際に試してみましょう。ここでは、インスタンスとして構成したWebサーバー（IPアドレス「10.0.1.10」）にログインした状態で、DBサーバー（IPアドレス「10.0.2.10」）にpingコマンドを送信してみます。

pingコマンドは、ずっと実行されっぱなしなので、適当なところで［Ctrl］＋［C］キーを押して止めてください。

```
PING 10.0.2.10 (10.0.2.10) 56(84) bytes of data.
64 bytes from 10.0.2.10: icmp_seq=1 ttl=255 time=0.326 ms
64 bytes from 10.0.2.10: icmp_seq=2 ttl=255 time=0.447 ms
64 bytes from 10.0.2.10: icmp_seq=3 ttl=255 time=0.447 ms
64 bytes from 10.0.2.10: icmp_seq=4 ttl=255 time=0.458 ms
64 bytes from 10.0.2.10: icmp_seq=5 ttl=255 time=0.409 ms
64 bytes from 10.0.2.10: icmp_seq=6 ttl=255 time=0.396 ms
```

それぞれのfromの行に記載されている「ms」は、実際にどれくらいの時間で応答が戻ってきたのかという時間（ミリ秒。1000分の1秒）です。

pingコマンドでは、次のように、ホスト名を指定することもできます。

```
$ ping ip-10-0-2-10.ap-northeast-1.compute.internal
```

pingコマンドは、ICMPというプロトコルを使って通信しています。ICMPは、Internet Control Message Protocolの略で、メッセージの通知などに利用されるプロトコルです。

ICMPは、TCP/IPモデルのなかで、インターネット層に当たります（「9-1　TCP/IPとは」を参照）。TCPやUDPとは別物で、ポート番号という概念を持ちません。

セキュリティグループやファイアウォールでは、明示的に「ICMPを通す」という設定をしなければ、ICMPのパケットが通過できません。セキュリティグループの場合、Inboundの設定で、ICMPのパケットを受け取れるように設定します（**図B-1**）。

図B-1　インバウンドを設定してICMPを通すようにする

■traceroute コマンドでの経路確認

同じくICMPを使ったコマンドとして、tracerouteコマンドがあります。これは、宛先へのネットワーク上の経路を確認するときに利用するコマンドです。

早速、試してみましょう。Webサーバーのインスタンスにログインした状態で、www.aws.comへの経路を確認してみます。

```
[ec2-user@ip-10-0-1-10 ~]$ traceroute www.aws.com
traceroute to www.aws.com (13.249.171.53), 30 hops max, 60 byte packets
 1  ec2-54-150-128-43.ap-northeast-1.compute.amazonaws.com (54.150.128.43)  23.695
ms  ec2-175-41-192-214.ap-northeast-1.compute.amazonaws.com  (175.41.192.214)
20.649 ms  20.638 ms
 2   100.66.8.100  (100.66.8.100)   19.818  ms  100.66.8.62  (100.66.8.62)   8.802  ms
100.65.24.224  (100.65.24.224)  133.394  ms
 3  100.66.11.224  (100.66.11.224)  16.825  ms  100.66.10.170  (100.66.10.170)  11.670  ms
100.66.11.0  (100.66.11.0)  12.043  ms
 4   100.66.15.32  (100.66.15.32)   18.471  ms  100.66.14.12  (100.66.14.12)   21.139  ms
100.66.7.109  (100.66.7.109)  14.362  ms
 5   100.66.6.105  (100.66.6.105)   18.090  ms  100.66.6.163  (100.66.6.163)   14.658  ms
100.66.7.37  (100.66.7.37)  53.096  ms
…略…
28  * * *
29  * * *
30  * * *
```

この結果を見るとわかるように、パケットは、「100.66.8.100」→「100.66.11.224」→「100.66.15.32」という具合に、次々と転送されていることがわかります。

tracerouteコマンドは、たとえば、「pingコマンドによって疎通が確認できているが、到達に想定よりも時間がかかっているとき」や「想定外の経路を通っていないかを確認するとき」などに使います。後者は特に、ルーティングを設定しているときに、正しく設定されたかを確認するために不可欠です。

なお、上記にも示しましたが、tracerouteコマンドでは、一部の経路が「*」で表示されることがあります。これは、ICMPを受け付けていないネットワークに入ったことを意味します。

多くの商用サイトでは、一部のネットワークでICMPを受け付けないように構成しています。これは、ICMPプロトコルを使った攻撃や、経路が見えてしまうことでサイトのネットワーク構成やサーバー構成が丸見えになるのを防ぐため、というのが主な理由です。

ですからほとんどの商用サイトでは、tracerouteコマンドを実行すると一部が「*」で表示されますが、これは正常です。

■ポート番号を指定したTCP到達性の確認

pingコマンドで確認できるのは、ICMPを使ったネットワーク到達性です。ときには、特定のポートへの到達性を確認したいことがあります。

たとえば、ネットワーク自体はpingコマンドによって到達性を確認できているけれど、さらにWebサーバーのミドルウエアが起動しているのか、もしくは、ファイアウォールやセキュリティグループで通信が妨げられていないかを確認したいときです。

このようなときには、telnetコマンドを使います。「5-1　HTTPとは」で説明したように、telnetコマンドでは、次の構文を使うことで、ポート番号を指定して通信できます。

```
$ telnet 「宛先ホスト名」または「宛先IPアドレス」 ポート番号
```

ポート番号を省略したときは、telnetコマンドのウェルノウンポートである23番が、デフォルトとして使われます。

実際に、あるポートに接続可能かどうかを調べてみましょう。

まずはaws.amazon.comに対して、ポート80番で接続してみます。aws.amazon.comは、「http://aws.amazon.com/」で接続可能です。ということは、HTTPのウェルノウンポートであるポート80番で接続できるはずです。

手持ちのWindowsパソコンやMacパソコンなどから、次のようにtelnetコマンドを実行すると、コマンドの待ち受けとなり、接続できることがわかります（適当に［Enter］キーを何度か押すと、コマンドプロンプトに戻ります）。

```
$ telnet aws.amazon.com 80
Trying 176.32.100.36...
Connected to aws.amazon.com.
Escape character is '^]'.
```

Memo ここで「Trying」の部分に表示されるIPアドレスは、実行するたびに変わることがあります。aws.amazon.comは複数台のWebサーバーで構成されており、DNS問い合わせの際には、それらのWebサーバーに割り当てられているIPアドレスのうち、適当なものが使われるからです。

次に、関係ないポート81番で接続してみましょう。今度は、接続できないことがわかります。

```
$ telnet aws.amazon.com 81
Trying 176.32.100.36...
telnet: connect to address 176.32.100.36: Connection timed out
```

これは、ポート81番の接続が許可されていない、もしくは、ポート81番で待ち受けているアプリケーションが起動していないかのどちらかです。

■nslookup コマンドや dig コマンドで名前解決を確認する

ping や traceroute と並んで、よく使われるコマンドとして、nslookup と dig があります。これらは DNS サーバーに対して、名前解決リクエストを送信するコマンドです。

nslookup コマンドについては、すでに「4-3　ドメイン名と名前解決」で説明しました。次の構文で実行します。

```
$ nslookup 「ホスト名」または「IPアドレス」
```

ここでは、aws.amazon.com を調べてみましょう。

```
$ nslookup aws.amazon.com
Server:         192.168.11.1
Address:        192.168.11.1#53

Non-authoritative answer:
Name:   aws.amazon.com
Address: 143.204.124.71
```

この結果から、「aws.amazon.com」の IP アドレスは「143.204.124.71」であることがわかります。「Non-authoritative answer」という表示は、「権威 DNS サーバー」ではなく「キャッシュ DNS サーバー」からの応答であることを示しています。

Memo 権威 DNS サーバーとは、そのネットワーク（ドメイン）の情報を保持している DNS サーバーです。

Memo aws.amazon.com は複数の IP アドレスを持っています。そのため本書では例示した以外の値が表示されたり、実行のたびに異なる値が表示されても正解です。

dig コマンドの使い方も同じです。ただし次の例に示すように、表示される情報の量が nslookup に比べて多く、より詳細な情報を調べられます。

```
$ dig aws.amazon.com

; <<>> DiG 9.10.6 <<>> aws.amazon.com
;; global options: +cmd
;; Got answer:
;; ->>HEADER<<- opcode: QUERY, status: NOERROR, id: 15609
;; flags: qr rd ra; QUERY: 1, ANSWER: 3, AUTHORITY: 0, ADDITIONAL: 1

;; OPT PSEUDOSECTION:
; EDNS: version: 0, flags:; udp: 512
;; QUESTION SECTION:
```

```
;aws.amazon.com.                    IN      A

;; ANSWER SECTION:
aws.amazon.com.         39      IN      CNAME   aws.amazon.com.cdn.amazon.
com.
aws.amazon.com.cdn.amazon.com. 31 IN    CNAME   dr49lng3n1n2s.cloudfront.net.
dr49lng3n1n2s.cloudfront.net. 36 IN     A       143.204.124.71

;; Query time: 21 msec
;; SERVER: 192.168.11.1#53(192.168.11.1)
;; WHEN: Thu Dec 19 00:49:56 JST 2019
;; MSG SIZE  rcvd: 134
```

ここに示したように、ホストに設定されているIPアドレスだけでなく、権威DNSサーバーやキャッシュサーバーの情報、クエリにかかった時間やタイムスタンプも併せて表示されます。

Memo digコマンドはWindowsにはありません。MacやAmazon Linux 2023で試してください。

B-4 ケーススタディ：ウェブサイトに接続できないとき

それでは、いままで紹介してきた管理に用いる各種コマンドを使って、ケーススタディを例に、トラブルシューティングをしてみましょう。

みなさんは、「http://www.example.com/」というWebサイトを運営しているとします。

このWebサイトが、あるとき突然、Webブラウザから接続できなくなってしまいました。どこに問題があるのかを確認するため、ここまで説明してきたコマンド群を使って、トラブル原因を探します。

流れは次のようになります。

【手順】 ウェブサイトに接続できないときのトラブルシュート

[1]　クライアント側のネットワーク環境に問題ないことを確認する

まずは、クライアント側のネットワーク環境に問題がないことを確認します。

具体的には、「http://www.example.com/」以外なら、正しく接続できることを確認します。

[2]　ホスト名が解決できるかどうかを調査する

nslookupコマンドやdigコマンドを使って、www.example.comというホスト名が解決できるかどうかを確認します。

もし解決できなければ、DNSの設定、もしくはDNSサービス自体に問題があります。

［3］ pingコマンドでネットワークの疎通を調査する

DNSに問題がないなら、pingコマンドを使ってネットワークの疎通を確認します。

pingコマンドが通らなかった場合、途中のネットワークに問題があるか、Webサーバーがダウンしていることが予想されます。

ただし、この診断は完璧ではないので注意してください。

何度も説明しているように、pingコマンドでは、ICMPを使います。そのため、ICMPが許可されていないときは、pingコマンドでは疎通できないように見えますが、実は、サーバーは正しく動作しているというケースもあります。つまり、pingコマンドでの疎通に失敗したとしても、次の［4］の手順は成功する可能性もあります。

［4］ telnetコマンドでポート80番に接続する

次に、telnetコマンドでHTTPのウェルノウンポート番号であるポート80番に接続してみます。

もし応答がなければ、「ポート80番がセキュリティの設定などによって閉じられている」もしくは「Apacheなどの HTTPサーバーのプロセスが起動していない」ということが考えられます。

上記のすべてを確認して、それでもWebサイトに接続できないときは、おそらくアプリケーション内部の問題だと考えられます。

なお、上記のケーススタディでは、tracerouteコマンドは使いませんでした。

tracerouteコマンドは、ルーティングの設定が期待通りかを確認するために使われることがほとんどです。そのため、Webサーバーのトラブルなどではあまり利用しません。

tracerouteコマンドを使うのは、たとえば、「インターネットゲートウエイ宛に直接」でも「NAT経由」でも通信できるVPCのサブネットがあり、そこに配置された特定のインスタンスだけは必ずNAT経由で通信するようにしたい、といった場合です。

このケースでは、設定に誤りがあって、NAT経由ではなくインターネットゲートウエイ宛にパケットが流れてしまったとしても、通信自体は成功してしまいます。このためpingコマンドによる疎通確認では、問題を発見できません。

一方でtracerouteコマンドなら、経路を確認できるため、意図した方向にパケットが流れていることを確認できます。

B-5 ネットワークを運用するための便利なツール

ここまで説明してきたping、traceroute、telnet、nslookup、digの各コマンドは、非常に基本的でシンプルなものです。

ネットワークの状態を、手元でさっと確認するには十分ですが、定常的にネットワークの状態を把握するには、より便利なツールが欠かせません。

ここでは、「Zabbix」「NewRelic」「CloudWatch」という3つのツールを紹介します。

これらはいずれも、ネットワーク単体の監視ツールというよりは、ネットワークも含めた統合監視ツールです。どれが良い、どれが悪いというわけではないので、自分の用途にあったツールを選択してください。

■Zabbix

Zabbix（https://www.zabbix.com/jp/）は、定期的なpingコマンドの実行やポートの監視などによってサーバーの死活を調査し、グラフで表示したり管理者に通知したりする機能をもつ、オープンソースのシステム監視ソフトです。日本でも、非常に多くの導入実績があり、書籍やWebサイトなどから、情報を入手しやすいのも特徴です。

SNMPプロトコルを使って、ネットワーク機器も監視できます。またサーバーに関しては、エージェントをインストールすることで、利用しているネットワークの帯域やCPU利用率、メモリ使用量など、さまざまな情報を取得できるようになります。

これらは、一般的な監視ソフトウエアであれば、取得できるのが当然ですが、構築から設定までの設定が簡単であるのが、Zabbixの特徴です。

■New Relic

New Relic（https://newrelic.co.jp/）は、比較的新しい、SaaS型のモニタリングサービスです。サーバー監視に特化しており、エージェントを監視対象のサーバーにインストールすることで利用します。

SaaSなので、サービスにサインアップしてエージェントをインストールするだけで、すぐに使い始められます。

実際にやってみると、サインアップから監視を始めるまで、5分もかからないと思います。

コンソールが非常に美しく機能も洗練されていて、AWSユーザーのなかにも愛用者が多いサービスです。

■CloudWatch

CloudWatchは、AWSが提供するモニタリングサービスです。

一番の特徴は、AWSの各サービスの情報を得られることです。たとえばEC2であれば、設定するだけで「CPUの利用率」「ディスクのリードライト」「ネットワークの利用率」「インスタンス自体のステータス（死活）」を取得でき、グラフ化したり、閾値を超えた際のアラートを発生したりできます。

もちろんEC2に限らず他のサービスに対しても、設定するだけで、CloudWatchの監視を開始できます。

B-6 まとめ

このAppendixでは、ネットワーク構成や情報の把握、管理方法や監視方法について説明しました。

ネットワークはすべてのシステムの基盤となる部分です。しっかりと、できるだけ手間無く運用できるように心がけましょう。

著者プロフィール

大澤 文孝

テクニカルライター、プログラマー

情報処理技術者（「情報セキュリティスペシャリスト」「ネットワークスペシャリスト」）。雑誌や書籍などで開発者向けの記事を中心に執筆。主にサーバやネットワーク、Webプログラミング、セキュリティの記事を担当する。近年は、Webシステムの設計・開発に従事。

主な著書として以下がある。
「ちゃんと使える力を身につける Javaプログラミング入門」「ちゃんと使える力を身につける Webとプログラミングのきほんのきほん」（マイナビ）
「Amazon Web Services ネットワーク入門」「AWS Lambda実践ガイド」（インプレス）
「さわって学ぶクラウドインフラ docker基礎からのコンテナ構築」「さわって学べるPower Platformローコードアプリ開発ガイド」「Amazon Web Services 完全ソリューションガイド」「Amazon Web Servicesクラウドデザインパターン実装ガイド」（日経BP）
「ゼロからわかる Amazon Web Services 超入門 はじめてのクラウド」（技術評論社）
「UIまで手の回らないプログラマのためのBootstrap 3 実用ガイド」「prototype.jsとscript.aculo.usによるリッチWebアプリケーション開発」（翔泳社）
「いちばんやさしいGit入門教室」「いちばんやさしいPython入門教室」（ソーテック社）
「TWELITEではじめるセンサー電子工作」「TWELITEではじめるカンタン電子工作」「Amazon Web ServicesではじめるWebサーバ」「256将軍と学ぶWebサーバ」「プログラムを作るとは？」「インターネットにつなぐとは？」「プログラミングの玉手箱」「Jupyter NoteBookレシピ」「Python10行プログラミング」（工学社）

玉川 憲

株式会社ソラコム 代表取締役社長。日本IBM基礎研究所にてウェアラブルコンピューターの研究開発や開発プラットフォームのコンサルティング、技術営業を経て、2010年にアマゾンデータサービスジャパンにエバンジェリストとして入社。AWSの日本市場立ち上げを技術統括として牽引した後、ソラコムを創業。世界中のイノベーションを支えるIoTプラットフォームSORACOMを展開している。
東京大学工学系大学院機械情報工学科修了、米国カーネギーメロン大学MBA（経営学修士）修了、同大学MSE（ソフトウェア工学修士）修了。著作翻訳多数。

片山 暁雄

株式会社ソラコム 執行役員 プリンシパルソフトウェアエンジニア
金融機関向けのウェルス・マネジメントシステムやポートフォリオ管理システムの設計構築を業務として行うかたわら、オープンソースのJavaフレームワークプロジェクトや、AWSの日本ユーザーグループ（JAWS-UG）の立ち上げに関わり、2011年にアマゾンデータサービスジャパンに入社。日本のエンタープライズでのクラウド普及をミッションとし、AWSソリューションアーキテクトとして、AWS利用のアーキテクチャ設計サポートや技術支援、また金融機関での利用促進のため、FISC安全対策基準への準拠対応や、金融機関へのクラウド導入支援などを行う。2015年、株式会社ソラコムに入社し、ソフトウェアエンジニアとしてソラコムの提供するIoTプラットフォームの設計と実装、またイベントやセミナーなどの講演を行っている。
主な著書として「AWSクラウドデザインパターン設計編 / 実装編」「SORACOM入門」「IoTエンジニア養成読本」などがある。
ID:@c9katayama # ヤマン

今井 雄太

株式会社ソラコム　ソリューションアーキテクト
1981年生まれ。数社にてネットワークエンジニア、広告配信システムとその分析システムの開発に従事した後、2012年よりアマゾンウェブサービスジャパンにてソリューションアーキテクト、2015年よりHortonworks,Inc.にてソリューションエンジニアとして活動。アドテク、デジタルマーケティングといった、大規模なトラフィックとデータを取り扱う業界におけるクラウドとビッグデータ活用を技術支援する。特に、Hadoop/Sparkでのビッグデータ分散処理において経験が深く、技術評論社「詳解 Apache Spark」共著。2017年1月より現職。

Amazon Web Services
基礎からのネットワーク&サーバー構築 改訂4版

2014年7月22日　第1版第1刷発行
2017年4月17日　第2版第1刷発行
2020年2月10日　第3版第1刷発行
2023年5月8日　第4版第1刷発行
2024年4月3日　　　　　第2刷発行

著　　者　大澤 文孝、玉川 憲、片山 暁雄、今井 雄太
執筆協力　中山 由美
発 行 者　浅野 祐一
発　　行　株式会社日経ＢＰ
発　　売　株式会社日経ＢＰマーケティング
〒105-8308
東京都港区虎ノ門4-3-12
装　　丁　葉波 高人（ハナデザイン）
制　　作　ハナデザイン
編　　集　松山 貴之
印刷・製本　図書印刷

Printed in Japan
ISBN978-4-296-20204-1